汉译世界学术名著丛书

算 术 基 础

——对于数这个概念的一种逻辑数学的研究

〔德〕G.弗雷格 著

王路 译

王炳文 校

商務印書館
创于1897 The Commercial Press

Gottlob Frege

DIE GRUNDLAGEN DER ARITHMETIK

Ein logisch mathematische Untersuchung

über den Begriff der Zahl

Felix Meiner Verlag GmbH, Hamburg 1988

根据菲利克斯·迈纳出版社 1988 年德文版译出

汉译世界学术名著丛书
出 版 说 明

我馆历来重视移译世界各国学术名著。从五十年代起,更致力于翻译出版马克思主义诞生以前的古典学术著作,同时适当介绍当代具有定评的各派代表作品。幸赖著译界鼎力襄助,三十年来印行不下三百余种。我们确信只有用人类创造的全部知识财富来丰富自己的头脑,才能够建成现代化的社会主义社会。这些书籍所蕴藏的思想财富和学术价值,为学人所熟知,毋需赘述。这些译本过去以单行本印行,难见系统,汇编为丛书,才能相得益彰,蔚为大观,既便于研读查考,又利于文化积累。为此,我们从 1981 年至 1998 年先后分八辑印行了名著三百四十种。现继续编印第九辑。到 2000 年底出版至三百七十种。今后在积累单本著作的基础上仍将陆续以名著版印行。由于采用原纸型,译文未能重新校订,体例也不完全统一,凡是原来译本可用的序跋,都一仍其旧,个别序跋予以订正或删除。读书界完全懂得要用正确的分析态度去研读这些著作,汲取其对我有用的精华,剔除其不合时宜的糟粕,这一点也无需我们多说。希望海内外读书界、著译界给我们批评、建议,帮助我们把这套丛书出好。

商务印书馆编辑部

2000 年 6 月

译　者　序

　　弗雷格(1848－1925)是德国著名的数学家、逻辑学家、哲学家,是现代数理逻辑的创始人。他于 1848 年 11 月 8 日出生在德国维斯玛;1869 年进耶拿大学学习,后去哥丁根大学学习,先后学习了数学、物理、化学和哲学等课程;1873 年在哥丁根大学获得哲学博士学位;1874 年获得耶拿大学数学系的授课资格;1879 年被任命为该校副教授;1896 年被任命为该校名誉教授;1918 年退休;1925 年去世,享年 77 岁。他的主要著作和论文有:《概念文字:一种模仿算术语言构造的纯思维的形式语言》(1879);《算术基础:对于数这个概念的一种逻辑数学的研究》(1884);《算术的基本规律》第一卷(1893)、第二卷(1903);《论意义和意谓》(1892);《函数和概念》(1891);《论概念和对象》(1892)等等。

　　弗雷格是杰出的数学家和逻辑学家。他想从逻辑推出数学。为了这一目的,他进行了三步努力。第一步是发表了《概念文字》,他在该书中构造了一种形式语言,并以这种语言建立了一阶谓词演算系统,从而提供了一种严格的逻辑工具。第二步是发表了《算术基础》,在这部著作中,他详细探讨了什么是数,什么是 0,什么是 1 等基本概念;他批评了许多数学家和哲学家,包括密尔、康德等人关于这些问题的错误论述;他还从逻辑角度刻画了这些概念。这就为他的第三步,即以逻辑系统来构造算术奠定了基础。虽然后来由于罗素发现了悖论,他的第三步工作没有成功,但是他的前两步工作倍受人们称赞。他的《算术基础》本身包含着许多深刻的哲学探讨,比如关于数的讨论、关于分析和综合的讨论、关于逻辑和心理学的区别的讨论。特别是他提出的三条原则,即必须把心理学的东西与逻辑的东西区别开,把主观的东西与客观的东西区别开;必须在句子联系中询问语词的意谓;必须注意概念和对象的区别,成为今天人们研究和讨论的热点。著名哲学家 M.达米特(M.Dummett)说:"我过去觉得并且现在依然觉得,《算术基础》这本书是迄今写下的几乎最完美的唯——部哲学著作"(*The Interpretation of Frege's Philosophy*,Cambridge,Harvard University Press,1981,ix)。我认为,这一评价是丝毫不过分的。

关于译文,有以下两点需要加以说明。

其一,弗雷格在讨论中使用了两个词,一个是"Zahl",另一个是"Anzahl",二者都意谓"数"。从弗雷格的论述中也无法十分清楚地看出它们的区别。一些英美学者认为,"Zahl"指"number",即"数",而"Anzahl"指"cardinal number",即"基数"。为此我参照了 J.L.Austin 的英译本。该书把"Zahl"译为小写的"number",把"Anzahl"译为大写的"Number"。著名逻辑学家 Peter T.Geach 说,这个译法"对于使英文本行文流畅颇有帮助"(*Frege's Grundlagen*,载 E.D.Klemke 编 *Essays on Frege*,University of Illinois Press,Urbana,Chicago and London 1968 年,467 页)。因此我在翻译中把这两个词都译为"数",但是在"Anzahl"的译名下加上重点符号,使之成为"数",以示区别。

其二,在弗雷格的用语中,定冠词是十分重要的。他往往以加定冠词的概念表示对象,以不加定冠词的概念表示概念,而且对此多次做过说明。因此在翻译中我尽管使译文准确,甚至为了加上定冠词而不惜使中文句子有些生硬。比如文中有"处于 F 这个概念之下的这个数……",这里就有两个定冠词"这个"。读起来虽然有些不顺口,但准确地忠实于原文。

本书翻译根据:Christian Thiel 编辑的 *Die Grundlagen der Arithmetik:Ein logisch mathematische Untersuchung über den Begriff der Zahl*,Felix Meiner Verlag GmbH,Hamburg,1988 年版;并参照 J. L. Austin 的英译本 *The Foundations of Arithmetic:Alogico-mathematical enquiry into the concept of number*,Basil Blackwell,Oxford,1953 年版。翻译中的不当之处,敬请读者批评指正。

中国社会科学院哲学所译审王炳文先生仔细校对了全部译稿,特此致谢! 商务印书馆的编辑同志对本书的编辑出版做了许多有益的工作,特此致谢!

王 路

中国社会科学院哲学研究所

1992 年 5 月

目　　录

序 ……………………………………………………………………… 1

§1.在数学中近来可以看到一种旨在达到证明的严格性和概
　　念的精确理解的努力。…………………………………… 11

§2.证明最终必然也涉及数这个概念。证明的目的。………… 11

§3.如下研究的哲学动机:有争议的问题,数的定律是分析的
　　真命题还是综合的真命题,是先验的还是后验的。这些表
　　达式的意义。……………………………………………… 12

§4.本书的任务。……………………………………………… 14

I.一些著作家关于算术句子的性质的意见 ………………… 15

数公式是可证明的吗? ……………………………………… 15

§5.康德否认汉克尔正当地称之为悖论的东西。…………… 15

§6.莱布尼兹关于2+2=4的证明有一个缺陷。格拉斯曼关于
　　a+b的定义是不完善的。 ……………………………… 16

§7.窦尔的丁述意见是没有根据的:单个的数的定义断定观
　　察到的事实,而由这些事实得出计算。………………… 18

§8.就定义的合理性而言,并不要求对事实的观察。………… 20

算术规律是归纳的真命题吗？ •••••••••••••••••••••••• 22

§9.密尔的自然律。当密尔把算术的真命题称为自然律时,他

混淆了这些命题和它们的应用。 •••••••••••••••••••• 22

§10.反对加法定津是归纳的真命题的理由:数的不同类性;

我们并没有通过定义而得到数的许多共同特征;很可能

正相反,归纳是基于算术而证明的。 •••••••••••••••• 23

§11.莱布尼兹的"生来就有的"。 •••••••••••••••••••••••• 26

算术定律是先验综合的还是分析的？ •••••••••••••••••• 26

§12.康德。鲍曼。利普希兹。汉克尔。作为认识基础的内在

直觉。 ••••••••••••••••••••••••••••••••••••• 26

§13.算术和几何的区别。 ••••••••••••••••••••••••••• 28

§14.联系由真命题支配的领域来比较真命题。 •••••••••••• 28

§15.莱布尼兹和杰芬斯的观点。 •••••••••••••••••••••• 30

§16.反对密尔贬低"对语言的熟练驾驭"。符号不意谓任何可

感觉的东西,因此不是空的。 •••••••••••••••••••• 30

§17.归纳的不充分性。猜测,数的定律是分析判断;那么它们

的用处在哪里。尊重分析判断。 •••••••••••••••••• 31

II.一些著作家关于数概念的看法 •••••••••••••••••••••• 33

§18.研究数这个普遍概念的必要性。 •••••••••••••••••• 33

§19.定义不能是几何学的。 ••••••••••••••••••••••••• 33

§20.数是可定义的吗？汉克尔。莱布尼兹。 •••••••••••• 34

数是外在事物的性质吗？ •••••••••••••••••••••••••• 35

§21.康托尔和施罗德的看法。 ••••••••••••••••••••••• 35

§22.鲍曼的不同看法:外在事物不表现出严格的性质。数似
　　乎依赖于我们的理解。 ……………………………………… 36

§23.密尔下述看法是站不住脚的:数是事物的聚集的性质。……… 37

§24.数的广泛可应用性。密尔。洛克。莱布尼兹的非物质形
　　象。如果数是某种有感觉的东西,那么就不能把它们赋
　　予没有感觉的东西。 ……………………………………… 38

§25.密尔关于 2 和 3 之间的物理区别。根据贝克莱,数实际上
　　不在事物之中,而是通过心灵创造出来的。 ……………… 40

数是主观的东西吗? ………………………………………………… 41

§26.利普希兹关于数的构造的描述是不合适的,并且不能代
　　替对概念的确定。数不是心理学的对象,而是某种客观
　　的东西。 …………………………………………………… 41

§27.数不是像施罗埃密尔西想说明的那样的关于一个对象
　　在一个系列中的位置的表象。 …………………………… 44

作为集合的数 ……………………………………………………… 45

§28.托迈的命名。 ……………………………………………… 45

III.关于单位和一的看法 ………………………………………… 47

"一"这个数词表达对象的一种性质吗? ………………………… 47

§29."μονας"和"单位"这两个表达式的多义性。施罗德把单
　　位解释为计数对象,似乎是没有用处的。"一"这个形容
　　词不包含任何更进一步的确定,不能用作谓词。……,……… 47

§30.根据莱布尼兹和鲍曼所尝试的定义,似乎一这个概念完
　　全消失了。 ………………………………………………… 48

§31.鲍曼关于不可分性和分界性的标志。一这个观念不是由

那个对象提供给我们的(洛克)。 ·············· 49

§32.语言确实说明与不可分性和分界性的一种联系,然而在
这里意义发生变化。 ·············· 50

§33.不可分性(G.科普)是不能作为一的标志而得到的。 ·········· 50

单位是否彼此相等? ·············· 51

§34.作为"一"这个名字的基础的单位。施罗德。霍布斯。休
谟。托迈。通过抽象掉事物的差异得不到数这个概念,
而且由此事物不是相等的。 ·············· 51

§35.即使应该谈论多,差异也是必要的。施罗德。杰芬斯。·········· 53

§36.关于单位的差异性的看法也引起困难。杰芬斯的不同的
一。 ·············· 53

§37.洛克、莱布尼兹、黑塞从单位或一对数的解释。 ········· 55

§38."一"是专名,"单位"是概念词。数不能被定义为单位。
"和"和＋的区别。 ·············· 56

§39.由于"单位"的多义性,化解单位相等和可区别性的困难
被掩盖起来。 ·············· 57

克服这个困难的尝试 ·············· 58

§40.时间和空间作为区别的方法。霍布斯。托迈。相反的看
法:莱布尼兹,鲍曼,杰芬斯。 ·············· 58

§41.这个目的达不到。 ·············· 60

§42.一个序列中的位置作为区别的方法。汉克尔的假定。 ········ 61

§43.施罗德通过1这个符号塑造对象。 ·············· 61

§44.杰芬斯通过确定差异的存在而抽象掉差异特征。0和1是
与其他数一样的数。困难依然存在。 ·············· 62

困难的解决 ·· 65

　§45.回顾。 ··· 65

　§46.数的给出包含着对一个概念的表达。反对意见,概念不
　　　　变时数发生变化。 ································· 66

　§47.数的给出这个事实由概念的客观性得到说明。 ······ 66

　§48.解决几个困难。 ···································· 67

　§49.斯宾诺莎的证明。 ································· 68

　§50.施罗德的解释。 ···································· 69

　§51.这个问题的更正。 ································· 70

　§52.在德语的一种语言使用中的证明。 ··············· 70

　§53.一个概念的标记和性质之间的区别。存在和数。 ··· 71

　§54.人们可以把单位称为一个数的给出的主词。单位的不可
　　　　分性和分界性。相等和可区分性。 ··············· 72

Ⅳ.数这个概念 ··· 74

　每个个别的数都是一个独立的对象 ····················· 74

　§55.试图补充莱布尼兹关于个别的数的定义。 ········· 74

　§56.这些尝试的定义是不能用的,因为它们说明的是这样一
　　　　个命题:在这个命题中,数仅是一部分。 ··········· 74

　§57.应该把数的给出看作是一个数的等式。 ··········· 75

　§58.反对意见:数作为一个独立的对象是不可想象的。数根
　　　　本是不可想象的。 ······························· 76

　§59.一个对象不因为它是不可想象的而被排除在研究之外。 ····· 77

　§60.独立的事物自身也不总是可想象的。如果人们询问语

词的意谓,就必须在句子中考虑它们。⋯⋯⋯⋯⋯⋯ 78

§61.反对意见:数是非空间的。并非每个客观对象都是空间

的。⋯⋯⋯⋯⋯⋯⋯⋯⋯⋯⋯⋯⋯⋯⋯⋯⋯⋯⋯⋯ 79

为了获得数这个概念,必须确定数相等的意义⋯⋯⋯⋯⋯⋯ 79

§62.我们需要一个表示数相等的记号。⋯⋯⋯⋯⋯⋯⋯ 79

§63.作为这样的(记号)——对应的可能性。逻辑上的疑问:

特别是解释这种情况的相等。⋯⋯⋯⋯⋯⋯⋯⋯⋯ 80

§64.一个类似过程的例子:方向,平面的位置,一个三角形

的形成。⋯⋯⋯⋯⋯⋯⋯⋯⋯⋯⋯⋯⋯⋯⋯⋯⋯⋯ 81

§65.尝试一个定义。第二种疑问:对相等的规定是不是足

够。⋯⋯⋯⋯⋯⋯⋯⋯⋯⋯⋯⋯⋯⋯⋯⋯⋯⋯⋯⋯ 82

§66.第三种疑问:相等这个记号是不充分的。⋯⋯⋯⋯ 84

§67.不能通过下面的方式形成补充:人们把一个概念的标

记看作是引入一个对象的方式。⋯⋯⋯⋯⋯⋯⋯⋯ 85

§68.作为概念外延的数。⋯⋯⋯⋯⋯⋯⋯⋯⋯⋯⋯⋯⋯ 85

§69.说明。⋯⋯⋯⋯⋯⋯⋯⋯⋯⋯⋯⋯⋯⋯⋯⋯⋯⋯⋯ 86

对我们这个定义的补充和证明 ⋯⋯⋯⋯⋯⋯⋯⋯⋯⋯⋯⋯ 88

§70.关系概念。⋯⋯⋯⋯⋯⋯⋯⋯⋯⋯⋯⋯⋯⋯⋯⋯⋯ 88

§71.通过一种关系而对应。⋯⋯⋯⋯⋯⋯⋯⋯⋯⋯⋯⋯ 90

§72.一一对应关系。数这个概念。⋯⋯⋯⋯⋯⋯⋯⋯⋯ 91

§73.如果有一个关系,它使处于F这个概念之下的对象与

处于G这个概念之下的对象一一对应,那么属于F这

个概念的这个数与属于G这个概念的这个数就是相

等的。⋯⋯⋯⋯⋯⋯⋯⋯⋯⋯⋯⋯⋯⋯⋯⋯⋯⋯⋯ 92

§74.零是属于"与自身不相等"这个概念的那个数。 ·············· 93

§75.零是属于一个其下没有任何东西的概念的那个数。如
　　果零是符合一个概念的那个数,那么就没有任何对象
　　处于这个概念之下。 ············· 95

§76.对"在自然数序列中 n 跟在 m 之后"这个表达的说明。 ········ 96

§77.1 是属于"与 0 相等"这个概念的那个数。 ············· 96

§78.借助我们的定义被证明的句子。 ············· 98

§79.对"一个序列中跟着"的定义。 ············· 98

§80.注释。"跟着"的客观性。 ············· 99

§81.对"x 隶属以 y 结束的那个 φ 序列"的说明。 ············· 100

§82.对自然数序列没有最后一个项的证明的提示。 ··········· 101

§83.有穷数的定义。在自然数序列中任何有穷数都不跟着
　　自己。 ············· 102

无穷数 ············· 103

§84.属于"有穷数"这个概念的那个数是一个无穷数。 ········· 103

§85.康托尔的无穷数;"幂"。称谓的偏离。 ············· 103

§86.康托尔的"顺序中的后继"和我的"序列中的后继"。 ········ 104

V.结论 ············· 106

§87.算术定律的性质。 ············· 106

§88.康德对分析判断的低估。 ············· 106

§89.康德的句子:"没有感觉,我们就不能得到任何对象。"
　　康德的数学功绩。 ············· 108

§90.对于算术定律的分析性质的完整证明缺乏一种没有缺

陷的连贯推论。⋯⋯⋯⋯⋯⋯⋯⋯⋯⋯⋯⋯⋯ 108

§91.通过我的概念文字可以弥补这种缺陷。⋯⋯⋯ 109

其他的数 ⋯⋯⋯⋯⋯⋯⋯⋯⋯⋯⋯⋯⋯⋯⋯⋯⋯⋯⋯⋯ 110

§92.根据汉克尔的看法,询问数的可能性的意义。⋯⋯ 110

§93.数既不是在我们之外空间的,也不是主观的。⋯⋯ 111

§94.一个概念的无矛盾性并不保证某种东西处于它之下,

并且本身需要证明。⋯⋯⋯⋯⋯⋯⋯⋯⋯⋯⋯⋯ 111

§95.人们不能立即把(c−b)看作是解决减法任务的东西。⋯⋯ 112

§96.数学家也不能任意地干事情。⋯⋯⋯⋯⋯⋯⋯⋯ 113

§97.应该把概念和对象区别开。⋯⋯⋯⋯⋯⋯⋯⋯⋯ 114

§98.汉克尔对加法的解释。⋯⋯⋯⋯⋯⋯⋯⋯⋯⋯⋯ 114

§99.形式理论的缺陷。⋯⋯⋯⋯⋯⋯⋯⋯⋯⋯⋯⋯⋯ 115

§100.尝试通过以特殊的方式扩展乘法的意谓来说明复数。⋯⋯ 116

§101.这样一种说明的可能性对于证明的力量不是不重要

的。⋯⋯⋯⋯⋯⋯⋯⋯⋯⋯⋯⋯⋯⋯⋯⋯⋯⋯⋯ 117

§102.单纯要求应该引入这样一种运算并不能做到这一点。⋯⋯ 117

§103.科萨克关于复数的解释仅仅对定义有提示,并没有避

免引入陌生的东西。几何体现。⋯⋯⋯⋯⋯⋯⋯ 118

§104.重要的是为新数规定一个重认判断的意义。⋯⋯ 119

§105.算术的魅力在于它的理性特征。⋯⋯⋯⋯⋯⋯⋯ 120

§106.—109.回顾。⋯⋯⋯⋯⋯⋯⋯⋯⋯⋯⋯⋯⋯⋯⋯ 121

序

一这个数是什么,或者,1 这个符号意谓什么,对这个问题,人们通常得到的答案是:一个事物。此外,如果人们注意到,

"一这个数是一个事物"("die Zahl Eins ist ein Ding")

这个句子不是定义,因为它一边是定冠词,另一边是不定冠词,如果人们还注意到,这个句子只是说一这个数属于事物,而没有说是哪个事物,那么也许人们就不得不自己选择人们愿意称之为一的任何一个事物。但是,如果每个人都可以有权任意理解这个名称,那么关于一的同一个句子对于不同的人就会意谓不同的东西;这样的句子就不会有共同的内容。一些人也许会拒绝回答这个问题,他们暗示说,甚至算术中 a 这个字母的意谓也是不能说明的;而且,如果人们说 a 意谓一个数,那么这里就可能发现与"一是一个事物"这个定义中相同的错误。拒绝回答与 a 有关的问题是完全有理由的,因为它不是意谓确定的可指明的数,而是用来表示句子的普遍性。如果用任何一个数代入 a+a−a=a 中的 a,并且处处都代入相同的数,那么总是得到一个正确的等式。a 这个字母是在这种意义上使用的。但是关于一的问题,情况就根本不同。在 1+1=2 这个等式中,我们能用相同的对象,譬如月亮,两次代入 1 吗?与此相反,似乎我们代入第一个 1 的东西和代入第二个

1 的东西必须是不同的。在前一种情况会是错误的东西,在这里却恰好是必然出现的,这是为什么呢? 为了普遍地表达不同的数之间的关系,算术只有 a 这个字母是不够的,还必须使用 b、c 等等其他字母。因此应该想到,如果用 1 这个符号以类似的方式赋予句子以一种普遍性,它也是不够的。但是,一这个数难道不是作为具有可说明性质(譬如与自身相乘保持不变)的确定对象而出现的吗? 在这种意义上,人们不能说明 a 的任何性质;因为 a 所表达的是数的一种共同性质,而 $1^1 = 1$ 既不表达月亮的任何东西,也不表达太阳的任何东西,也不表达撒哈拉沙漠的任何东西,也不表达特纳里费山峰的任何东西;那么这样一个表达式的意义能是什么呢?

对于这样的问题,甚至连大多数数学家大概也不会作出令人满意的回答。然而对于科学最切近的而且看上去是如此简单的对象竟如此不清楚,难道不令人羞愧吗? 关于数是什么,人们能够说出的就更少了。如果为一门重要科学奠定基础的概念有了困难,那么更精确地研究这个概念和克服这些困难,确实就是不可推卸的任务。尤其是因为,只要对算术的整个大厦的基础的认识还有缺陷,也许就很难能够完全弄清楚负数、分数和复数。

许多人肯定会认为不值得为此花费气力。正像他们认为的那样,这个概念甚至在初级读本中就得到充分的讲述,因此一劳永逸地解决了。究竟谁还相信从这样简单的东西依然能够学到一些东西呢? 人们认为正整数这个概念没有任何困难,以致对儿童也能够科学地详尽地讲述它,而且每个孩子不用进一步思考,也不用知道别人考虑过什么,就确切地知道它是怎么回事。这样就常常缺少学习的首要前提:对无知的认识。结果,人们仍旧满足于粗略的理解,尽管赫巴特(Herbart)就已经说过一种更准确的理解[①]。令人痛心和沮丧的是,已经获得的认识总是面临着这样得而复失的危险,从而许许多多工作似乎变成徒劳的,因为人们误认为自己占有不少财富,因而不必再加上这些工作的成果。我清楚地看到,我的工作也蒙受这样的危险。当把计算称为聚合的机械的思维时,我就遇到了那种粗略的理解[②]。我怀疑竟然有这样的思维。也许,人们可能更愿意承认聚合的表象;但是它对于计算没有意义。从本质上说,思维在哪里都是一样的:绝不能根据对象而考虑不同种类的思维规律。差别仅仅在于或多或少的纯粹性,以及对心理影响和思维外在的辅助手段,譬如语言、数字等等的或多或少的独立性,此外,大概还在于概念构造的精致性;但是,恰恰在这一点上,任何一门科学,即使是哲学,都不要企望会超过数学。

人们从本书将能够看出,甚至像从 n 到 n+1 这样一条表面上专属于数学的推理,也基于普遍的逻辑规律,而且不需要特殊的聚合思维的规律。当然,人们可以机械地使用数字,一如人们可以鹦鹉学舌式地说话;但是这几乎不能叫作思维。只有通过实际思维活动形成数学的符号语言,因而正像人们所说,这种语言为人们起思维作用时,才可能有思维。这并不证明,数是以一种特殊机械的方式形成的,比方说,就像沙堆是由细小的石英颗粒堆积的一样。

---

① 《赫巴特全集》,哈特恩施坦恩编辑。第 10 卷第一部分:《教育讲座概论》(*Umriss Pädagogischer Vorlesung*) §252,注释 2:"二不意谓二事物,而意谓加倍",等等。

② K.菲舍尔:《逻辑系统和形而上学或科学论》(*System der Logik und Metaphysik oder Wissenschaftslehre*),第二版,§94。

我认为,驳斥这样的观点关系到数学家的利益,因为这种观点总是贬低数学这门科学的主要对象,从而贬低数学这门学科本身。但是即使在数学家的著作中,人们也发现十分类似的说法。与此相反,我们必须赋予数概念一种比其他学科中大多数概念更精致的构造,尽管它们是最简单的算术概念之一。

因此,为了驳斥那种空想:即关于正整数实际上根本不存在什么困难,而是有着普遍一致的看法,我认为评述一些哲学家和数学家对这里所考虑的问题的一些意见是有益的。人们将会看到,意见一致的情况极为罕见,出现的简直是相互对立的表达。例如,一些人说:"这些单位是彼此相等的",另一些人则认为它们是不同的,而且双方这样说都有一些不容轻易反驳的理由。通过这些考察,我试图激发人们进行更严格的研究的欲望。同时,我将预先说明别人表达的看法,以此为我自己的观点铺平道路,从而使人们预先相信,沿着其他那些道路达不到目标,而我的意见与这里众多同样有理由的意见是不同的;而且我希望以此至少基本上最终解决了这个问题。

然而,我的论述也许因此变得更有哲学味道,似乎超出了许多数学家能够理解的范围;但是对数概念进行彻底的研究必然总是导致某种哲学的结果。这个任务是数学家和哲学家共同的任务。

如果说尽管这两门科学各自都做了不少努力,但是它们的合作并不像人们希望的那样、甚至也不像可能的那样卓有成效,那么我认为这是由于心理学的思考方式在哲学中占据主导地位,它甚至侵入了逻辑领域。数学与这种方向根本没有共同点,由此很容易说明为什么许多数学家对哲学思考表示反感。例如,当施特里克(Stricker)①把数的表象称为运动机能的、依赖于肌肉感觉的时,数学家们在这里就不能重新认出他的数,就不知道该如何对待这样一句话。一种基于肌肉感觉建立起来的算术肯定会富有情感,但是也会变得像这种基础一样模糊。不,算术与感觉根本没有关系。同样,算术与从早先感觉印象痕迹汇集起来的内在图像也没有关系。所有这些形态所具有的这种不稳定性和不确定性,与数学概念和对象的确定性和明确性形成强烈对照。考察数学思维中出现的表象及其变化,可能确实有些用处;但是不要以为心理学能对建立算术有任何帮助。这些内在图像、它们的形成和变化对数学家本身是无关紧要的。施特里克自己就说,在"一百"这个词,他只能想到100这个符号。其他人可能会想到字母c或别的什么东西;难道由此得不出以下结论吗?即我们所说的这种内在图像对于事物本质是完全无关紧要的和偶然的,就像一块黑板和一支粉笔那样偶然的一样,根本不能把它们称为一百这个数的表象。人们确实不把这些表象看作事物的本质!人们不把如何形成一个表象的描述看作一条定义,不把对有关我们认识到一个句子的心灵和肉体条件的陈述当作一个证明,也不把对一个句子的思考与这个句子的真混淆起来!看来,人们必须记住,正像当我闭上眼睛太阳不会消失一样,当我不再思考一个句子时,它也不会不再是真的。否则我们还会得出这样的结论:人们在证明毕达哥拉斯定理时,发现必须考虑我们大脑的磷含量;而且天文学家不敢把自己的

---

① 施特里克:《表象联想的研究》(*Studien über Association der Vorstellungen*,Wien,1883)。

推论延伸至远古,这样人们就不会反对他说:"你在那里计算 2·2
=4;可是数的表象确实经历了发展,有它的历史! 人们可能怀疑,
当时它是不是就已经发展到了这种程度。你是从哪里知道这个句
子在那古远的时代就已经存在的呢? 生活在那个时代的人难道不
能有 2·2=5 这个句子;由此出发在生存斗争中通过自然的选择
才发展起 2·2=4 这个句子吗? 而 2·2=4 这个句子难道不会注
定要以相同的方式进一步发展成为 2·2=3 吗?"Est modus in
rebus,sunt certi denique fines! 试图研究事物的形成并且从它的
形成认识它的本质这样一种历史考察方式确实有很大的合理性;
但是它也有局限性。如果在万物长河中,没有任何东西是不变的,
永恒的,那么世界就不再是可以认识的,一切就会陷于混乱。看上
去,好像人们以为,概念在个别的心灵中形成就像树叶长在树上一
样。而且人们认为,了解概念的形成,力图从人的心灵本性对概念
进行心理学的解释,以此就能够认识概念的本质。但是这种观点
使一切都成为主观的,如果跟着它走到底,就取消了真。人们称为
概念史的东西,肯定要么是我们关于概念认识的历史,要么是关于
语词解释的历史。人们常常是只有经过可能要持续几百年的大量
的理性工作,才能够认识到概念的纯粹性质,才能剥下概念的那层
陌生的、蒙蔽理性眼睛的外壳。现在,如果有人不是继续进行这项
显然尚未完成的工作,而是认为它毫无价值,转而走进托儿所或者
去追忆可以想象到的人类最古老的发展阶段,以便在那里像 J. S.
密尔那样发现一种譬如姜味烘饼的算术或小石子的算术,那么我
们对此应该说些什么呢! 缺乏的只是还要为这烘饼的香味加上一
种特殊的数概念的意谓。但这与理性方法恰恰是相反的,而且无

论可能怎样,都是非数学的。数学家们对此不感兴趣是毫不奇怪的!在人们相信接近概念根源的地方,人们并没有发现概念特殊的纯粹性质,而是像隔着一层雾,看到的一切都是模模糊糊,没有区别的。这就好比有一个人,他为了了解美洲,在他第一眼隐隐约约看到他猜测的印度时,就愿意设想自己像哥伦布一样。当然这样的比较不证明任何东西;但是希望它能说明我的观点。在许多情况下,发现的历史作为进一步研究的准备工作确实可能是有用的;但是它不能代替进一步的研究。

在数学家面前,反对这样一种观点大概是没有什么必要的;但是,由于我还想为哲学家们尽可能解决上述这些有争议的问题,我就不得不稍微涉足心理学的讨论,即使仅仅是为了阻止它进入数学。

此外,数学教科书中也出现心理学的措辞。当人们感到有义务给出一条定义却又做不到这一点时,人们就要至少对达到有关对象或概念的方式加以描述。人们很容易认识到这种情况,因为在以后的论述中再也不会追溯这样一种解释。为了教学的目的,入门性的说明也是完全适宜的;但是应该始终把它与定义清楚地区别开。施罗德①提供了一个有趣的例子,说明甚至数学家也可能把证明的根据与进行证明的内在或外在条件混淆起来。他在"唯一的公理"的标题下作出如下表达:"这条考虑的原则大概可以叫作符号的固有性公理。它使我们确信,在我们所有的推导和证明过程中,这些符号深深地铭刻在我们的记忆中,而在纸上还要更

---

① 《算术和代数课本》(*Lehrbuch der Arithmetik und Algebra*)。

牢固一些"，等等。

即使数学必须断然拒绝来自心理学方面的任何帮助，它也绝不能否认自己与逻辑的密切联系。确实，我赞成这样一些人的观点，他们认为将这二者严格分开是不适宜的。人们同样要承认，对于推论的说服力或定义的合理性的一切研究必须是逻辑的。但是，这样的问题根本不能排斥在数学之外，因为只有回答它们，才可能达到必要的可靠性。

我也沿着这个方向，当然还要超出通常的做法。大多数数学家在类似的研究中，对于满足直接的需要表示满意。当一个定义便当地用于一个证明时，当在任何地方也遇不到矛盾时，当能够认识到表面上不相干的事物之间的联系时，当由此产生一种更高的次序和规律性时，人们习惯于把这个定义看作是充分可靠的，很少询问其逻辑理由。这种方法至少有一种好处，即人们不太容易完全错过目标。甚至我认为：定义必然能由它的富有成效性，即可以借助它进行证明，而表明是有价值的。但是一定要注意，如果定义仅仅在后来由于没有遇到矛盾而被证明是有理由的，那么进行证明的严格性依然是一种假象，尽管推理串可能没有缺陷。归根到底，人们以这种方式总是只得到一种经验的可靠性，实际上人们必须准备最终还是会遇到矛盾，而这个矛盾将使整个大厦倒塌。为此，我认为必须追溯到普遍的逻辑基础，这也许远远超出大多数数学家所认为必要的程度。

在这种研究中，我坚持以下三条基本原则：

要把心理学的东西和逻辑的东西，主观的东西和客观的东西明确区别开来；

必须在句子联系中研究语词的意谓,而不是个别地研究语词的意谓;

要时刻看到概念和对象的区别。

为了遵循第一条原则,我总是在心理学的意义上使用"表象"一词,并且把表象与概念和对象区别开来。如果人们不注意第二条基本原则,那么几乎不得不把个别心灵的内在图像或活动当作语词的意谓,而由此也违反了第一条原则。至于第三点,如果以为可以使一个概念成为对象,又不使它发生变化,那么这仅仅是一种假象。由此可见,广为流行的关于分数、负数等等的形式理论是站不住脚的。在本书中,我只能简单提示一下我是如何考虑改进这一理论的。正如在正整数的情况一样,在数的所有情况,重要的是确定一个方程式的意义。

我认为,我的成果至少会得到那些肯花工夫考虑我的根据的数学家的基本赞同。在我看来,这些成果还未付诸实施,而且也许它们都已经逐个地至少得到近似的表述;但是在它们相互联系的这一点上,它们可能确实是新颖的。有时我感到惊奇,有一些论述在某一点上与我的观点十分接近,而在另一点上又大相径庭。

哲学家根据其不同观点,对这些意见的反映也是不同的,最坏的大概是那些经验主义者,他们只愿意承认归纳是原初的推理方式,甚至都不把归纳看作推理方式,而是看作习惯。也许这个人或那个人要借此机会重新检验其认识论的基础。对于那些譬如可能说我的定义不合常埋的人,我请他们考虑,这里的问题不在于是不是合常理,而在于是不是涉及问题实质,而且是不是逻辑上没有疑义的。

　　我希望,哲学家们通过没有偏见的检验,在本书中也会发现一些有用的东西。

§1. 数学在长时间背离了欧几里得的严格性之后,现在又回到这种严格性,并且甚至努力超越它。在算术中,也许由于许多处理方式和概念发源于印度,因而产生一种不如主要由希腊人发展形成的几何学中那样严谨的思维方式。更高的数学分析的发现仅仅促进了这种思维方式;因为一方面,严格地探讨这些学说遇到了极大的几乎不可克服的困难,另一方面,为克服这些困难付出的努力似乎没有什么价值。然而,后来的发展总是越来越清楚地说明,在数学中一种以多次成功的运用为依据的纯粹的道德信念是不够的。许多过去被看作是自明的东西,现在都需要证明。通过证明,在一些情况下才确定了有效性的限度。函数、连续性、极限、无穷这些概念表明需要更明确的规定。负数和无理数长期以来已为科学所接受,它们的合理性却必须得到更严格的证明。

因此到处可以看到人们努力进行严格的证明,准确地划定有效性的限度,并且为了能够做到这些,努力准确地把握概念。

§2. 沿着这条道路,必然达到构成整个算术基础的数这个概念和适合于正整数的最简单的句子。当然,像 5+7=12 这样的数公式和像加法结合律这样的定律,通过每天对它们的无数次运用而得到许多次确认,因此由于想要进行证明而对它们表示怀疑,看上去简直是可笑的。但是数学的本质就在于，凡是可以进行证明的地方，就要使用证明而不用归纳来确证。欧几里得证明了许多在他看来大家本来就承认的东西。而当人们自己不满足于欧几里得的严格性时，人们就要进行与平行公理有关的探究。

因此，那种向着极大严格性的运动已经大大超出最初感到的需要，而这种需要变得越来越广，越来越强。

证明的目的并非仅仅在于使一个句子的真摆脱各种怀疑，而且在于提供关于句子的真之间相互依赖性的认识。人们试图推动一块岩石，如果没有推动它，人们就相信这块岩石是不可动摇的。这时人们可能会进一步问，是什么东西这么稳定地支撑着它。越是深入地进行这些探究，就越不能追溯到所有事物的初真；而且这种简化本身就是一种值得追求的目标。也许这也证明一种希望：人们通过认识到人在最简单的情况凭本能所做的事情，并从中把普通有效性提取出来，就能够获得概念构造或论证的普遍方法，这些方法即使在错综复杂的情况中也可以应用。

§3. 促使我进行这样的探究，也有哲学动机。关于算术真的先验性或后验性、综合性或分析性的问题，在这里有待回答。因为，即使这些概念本身属于哲学，我也依然相信，没有数学的帮助，对它们的判定是不能成功的。当然这取决于人们赋予那些问题的意义。

常常有这样的情况，人们先获得一个句子的内容，然后沿着另一条更麻烦的途径进行严格的证明，通过这种证明，人们常常还更确切地认识到有效性的条件。因此人们一般必须把两个问题区别开，即我们如何达到一个判断的内容与我们从哪里得到我们断言的根据。

根据我的观点[①],先验和后验、综合和分析的那些区别与判断的内容无关,而与作出判断的根据有关。在没有根据的地方,那些划分的可能性也就消失了。这样,一个先验错误就像譬如一个蓝概念一样甚为荒唐。如果在我的意义上称一个句子是后验的或分析的,那么这并不是在判断那些使人们得以有意识地构造句子内容的心理的、生理的和物理的情况,也不是在判断别人如何也许是错误地把句子内容看作真的;而是在判断这种被看作真的根据究竟是什么。

这样一来,在涉及数学真的时候,问题就会摆脱心理学领域,而转向数学领域。现在重要的是找到证明并且把它一直追溯到初真。如果以这种方式只达到普遍的逻辑定律和一些定义,那么就有分析的真,这里的前提是:必须也一起考虑定义的可接受性以之为基础的那些句子。但是如果不利用那些不具有普遍逻辑性质、而涉及特殊知识领域的真就不可能进行证明的话,句子就是综合的。为了使真成为后验的,肯定要依据事实得出对它的证明;就是说,要依据含有对确定对象有所陈述的没有普遍性的不可证明的真句子。相反,如果可以完全从本身既不能够也不需要证明的普遍定律得到证明,真就是先验的。[②]

---

① 我这当然不是要提出一种新意义,而仅仅是切中以前一些著作家,尤其是康德所考虑的东西。

② 如果人们实际上认识到普遍的真,人们也就必须承认,有这样的初始定律,因为从单纯个别事实得不出任何东西,除非基于定律。甚至归纳也依据下面这个普遍原理,即归纳方法可以确立一条定律的真,或者说,可以论证它的概率。对于否认这一点的人来说,归纳不过是一种心理现象,一种方式:人们达到相信一个句子的真,而又无需为这种信念提出任何根据。

§4.从这些哲学问题出发,我们达到在数学领域本身产生出来的与这些哲学问题无关的相同的要求:只要有可能,就要最严格地证明算术定理;因为只有小心翼翼地避免推理串中的每个缺陷,人们才能有把握地说,这个证明依据什么原初的真命题;而且只有在人们认识到这一点时,人们才能回答那些问题。

如果人们现在试图满足这个要求,人们很快就会达到一些句子,只要这些句子中出现的概念不能被分析为更简单的或者化归为更普遍的概念,这些句子就不能被证明。现在这里首先必须被定义或者被认为是不可定义的东西是数。这将是本书的任务。①判定算术规律的实质,将依赖于这个任务的完成。

在我开始探讨这些问题本身之前,我要先说几句对于回答这些问题可能有指导意义的话。如果从其他一些观点出发得出一些理由,说明算术的定理是分析的,那么这些理由也适合于它们的可证明性和数这个概念的可定义性。与此相反的结果将有这样的理由,即这些句子的真是后验的。因此首先要对这些争议点做一些说明。

---

① 因此,在下文中凡不做进一步说明的地方,所谈的数将只是正整数,它们回答"多少"这个问题。

I. 一些著作家关于算术
句子的性质的意见

数公式是可证明的吗？

§5. 必须把像 $2+3=5$ 这样的涉及确定的数的数公式与对所有整数都有效的普遍定律区别开来。

这样的数公式被一些哲学家[1]看作像公理一样是不可证明的和直接显然的。康德[2]宣布它们是不可证明的和综合的，但是对把它们叫作公理则有所顾忌，因为它们不是普遍的，还因为它们的数是无穷的。汉克尔[3]把这种有关无穷多不可证明的原初真命题的看法称为不合适的和怪谬的，这是有道理的。实际上，这种看法与理性对于第一根据要一目了然的要求是矛盾的。那么，

$$135664+37863=173527$$

是直接明了的吗？不是！而且康德正是用这一点来说这些句子的

---

① 霍布斯、洛克、牛顿。参见鲍曼：《论时间、空间和数学》(Baumann, *Die Lehren von Zeit, Raum und Mathematik*, [Band I]S.241 u.242, S.366ff., S.475)。

② 《纯粹理性批判》(*Kritik der reien Vernunft*, Hartenstein. III. S.57)。

③ 《复数及其函数讲义》(*Vorlesungen über die complexen Zahlen und ihre Functionen*, S.53)。

综合性质的。但是实际上这对于其不可证明性却是不利的;因为,由于它们不是直接明了的,若是不通过证明,怎么才能理解它们呢? 康德想借助手指或点的直觉,这样他就陷入一种危险:使这些句子与他的观点相反,表现为经验的;因为 37863 根手指的直觉无论如何绝不是纯粹的。"直觉"这个表达似乎也是不太合适的,因为 10 根手指通过其相互排列就已经能够唤起不同的直觉。那么我们真有 135664 根手指或点的直觉吗? 如果我们有这样的直觉,如果我们有 37863 根手指的直觉和 173527 根手指的直觉,那么我们就一定立即明白这个等式的正确性,即使它是不可证明的,至少也适合于手指;但是情况并非如此。

康德显然只考虑了比较小的数。于是,对于比较小的数通过直觉是直接明了的公式,对于大数就会是可证明的。然而难办的是,要对较小的数和大数作出根本的区别,尤其是在不可能划出明确界线的地方。如果譬如从 10 起,数公式是可证明的,那么人们就有理由问:为什么不是从 5 起,从 2 起,从 1 起呢?

§6.另一些哲学家和数学家也断言了数公式的可证性。莱布尼兹[①]说:

"2 加 2 等于 4,这不是直接的真;假定 4 表示 3 加 1。人们可以如下证明这一点:

　　　定义:1) 2 是 1 加 1

　　　　　　2) 3 是 2 加 1

　　　　　　3) 4 是 3 加 1

---

① 《新论》(*Nouveaux Essais*,[Liv.]IV.[Ch.VII.],§10.Erdm,S.363)。

公理:如果代入相等的数,等式依然保持不变。

证明:2+2=2+1+1=3+1=4

定义 1.　　定义 2.　　定义 3.

所以:根据公理:2+2=4"

这个证明似乎首先完全是由定义和引入的这条公理建立起来的。甚至这条公理也可以变为一个定义,正像莱布尼兹本人在另一个地方所做的那样[①]。看上去,除了定义中包含的 1、2、3、4 以外,不必再知道任何东西。然而更仔细地考虑一下,人们就会发现一个缺陷,这个缺陷由于省略了括号而被掩盖起来。就是说,应该更精确地书写为:

2+2=2+(1+1)

(2+1)+1=3+1=4

这里缺少

2+(1+1)=(2+1)+1

这个句子,它是

a+(b+c)=(a+b)+c

的一种特殊情况。如果以这条定律为前提,就很容易看出,加法的每个公式都能以这种方式被证明。这样每个数就能够由前面的数被定义。实际上我看不出,人们如何能够以比莱布尼兹更合适的方式把譬如 437986 这个数给予我们。我们甚至没有关于这个数的表象,可确实就这样把它据为己有。通过这样的定义,数的无穷

---

① 抽象证明的优雅范例(*Non inelegans specimen demonstrandi in abstractis*)(Erdm.S.94)。

集合化归为一和加一,而且无穷多的数公式均能够由几个普遍的句子证明。

这也是 H.格拉斯曼和 H.汉克尔的观点。格拉斯曼要通过一条定义得到

$$a+(b+1)=(a+b)+1$$

这条定律,他说[①]:

"如果 a 和 b 是基本序列的任意项,人们就把 a+b 之和理解为基本序列的一个项,对这个项来说,

$$a+(b+e)=a+b+e$$

这个公式是有效的。"

这里,e 应该意谓正单位。对这种解释可以有两种反对意见。首先,和是通过自身被解释的。如果人们还不知道 a+b 应该意谓什么,人们也就不理解 a+(b+e) 这个表达式。但是,如果人们与本文相悖地说,应该解释的不是和,而是加法,以此也许可以排除这种反对意见。而在这种情况下,依然能够反对说,如果没有基本序列的项或所要求的那些项,a+b 就会是一个空符号。格拉斯曼只是假设不发生这种情况,而没有予以证明,因此严格性只是表面的。

§7. 人们可能会认为,数公式根据其证明所依据的普遍定律,或者是分析的或综合的,或者是先验的或后验的。然而 J. S.密尔的观点与此相反。尽管乍看上去他像莱布尼兹一样,想把科学建

---

① 《中学数学课本》第一部分:算术(*Lehrbuch der Mathematik für höhere Lehranstalten*,I.Theil:Arithmetik,Stettin 1860,S.4.)。

立在定义的基础上①，因为他像莱布尼兹那样解释个别的数；但是，他所持的偏见，即一切知识都是经验的，立刻又毁灭了这种正确的思想。他告诉我们说②，那些定义不是逻辑意义上的，它们不仅确定了一个表达式的意谓，而且因此也断定了一个观察到的事实。这个观察到的事实，或者像密尔用另一种方式所说的，在777864 这个数的定义中所断言的物理事实，究竟会是什么呢？对于我们面前展现出来的极其丰富的物理事实，密尔只向我们提及唯一的一个据说是在 3 这个数的定义中被断言的事实。根据密尔的说法，这个事实在于：存在着一些对象的聚合，这些对象一方面在感官上造成❀❀这种印象，另一方面又可以分为两部分，譬如❀❀，然而，幸亏并非世界上所有东西都是固定的；否则，我们就不能进行这种区分，而且 2＋1 也就不会是 3！遗憾的是，密尔也没有描述出作为 0 和 1 这两个数的基础的物理事实！

密尔继续说："在承认这个句子之后，我们称所有这样的部分为 3。"由此可见，当时钟敲打三下的时候，谈论三次敲打，或称谓甜、酸、苦三种味觉，实际上都是不正确的；赞同"一个方程式的三种解法"这个表达式同样是不正确的；因为人们由此从来也没有得到像从❀❀得到的感觉印象。

这时密尔说："计算不是从定义本身，而是从观察的事实得出来的。"但是在上述对 2＋2＝4 这个句子的证明中，莱布尼兹应该

---

①　《演绎和归纳逻辑系统》（*System der deductiven und induciven Logik*，J.Schiel 译.III.Buch，XXIV.Cap，§5）。

②　同上书，第 2 卷，第 6 章；§2。

在什么地方诉诸提到的事实呢？密尔没有指出这一缺陷，尽管他对 $5+2=7$ 这个句子给出一个与莱布尼兹完全相符的证明。[①] 他和莱布尼兹一样，忽略了这个由于省略了括号而确实存在的缺陷。

如果每个个别的数的定义确实断定了一个特殊的物理事实，那么对一个以表示九的数进行计算的人，人们就会因为他的物理知识而佩服得五体投地。这里，密尔的观点也许并不在于坚持必须逐个观察所有这些事实，而是认为通过归纳法得出一条把它们全包括在内的普遍规律就够了。但是人们试图把这条规律说出来，而且人们将发现，这是不可能的。存在着可被分解的事物的大聚集，这样说是不够的；因为以此并没有说明存在着譬如定义 1000000 这个数所需要的这样大的和这一类的聚集，而且也没有更确切地说明划分的方式。密尔的观点必然导致以下要求：对于每个数，要特别观察一个事实，因为在一条普遍规律中恰好会失去 1000000 这个数独特的、必然属于它的定义的东西。根据密尔，人们实际上不能确定 $1000000 = 999999+1$，除非人们恰恰看到了事物聚集的这种独特的、与专属于其他任何数的方式不同的分解方式。

§8. 密尔似乎认为，在没有观察到他提及的那些事实之前，不允许做出 $2=1+1,3=2+1,4=3+1$ 等等这些定义。实际上，如果人们不把任何意义与$(2+1)$联系起来，就不能把 3 定义为$(2+1)$。但是问题在于，因此是不是必须观察事物的聚集和分离。在这种条件下，0 这个数就会令人困惑不解；因为至今大概还没有人

---

① 《演绎和归纳逻辑系统》，第 3 卷，第 24 章 §5。

看到或摸到 0 个小石子。密尔肯定会把 0 解释为无意义的东西，解释为一种纯粹的谈论方式；以 0 进行计算就会纯粹是以空符号进行的游戏，不过令人不可思议的是，这里怎么会产生某种理性的东西。但是如果这些计算当真有一个意谓，那么 0 这个符号本身也不能是完全没有意义的。而且这里表明这样一种可能性：即使没有观察到密尔提到的事实，2+1 仍然可以和 0 类似地有一种意义。实际上谁愿意断定曾经观察到在密尔对表示 18 的这个数的定义中包含的事实呢？谁又愿意否认尽管如此这样一个数字依然有一种意义呢？

人们也许会认为，物理事实只用于譬如 10 以内较小的数，而其他数可以由这些数构造起来。但是如果不用看到相应的聚集，仅通过定义就能由 10 加 1 构成 11，那么就没有理由说明为什么人们不能也这样由 1 加 1 构造 2。如果以 11 这个数进行的计算不是从一个表示这个数的事实得出，为什么以 2 进行的计算就必须依据对一定聚集及其独特分离的观察呢？

人们也许会问，如果我们通过意义根本不能区别任何东西，或者只能区别三种东西，那么算术如何能够存在呢？对于我们关于算术句子及其应用的知识来说，这样一种状况当然有些令人尴尬，但是对于算术句子的真也是如此吗？即使人们称一个句子为经验的（因为我们必须进行观察，以便认识它的内容），人们也并不是在与“先验的”对立的意义上使用“经验的”这个词。这时人们表述了一个只与句子内容有关的心理方面的断定；这个句子是不是真的，这里则没有考虑。在这种意义上，所有荒诞故事也都是经验的；因为人们必须观察到各种各样的东西，才能编造出这些故事来。

算术规律是归纳的真命题吗？

§9. 根据到目前为止的这些考虑,很可能借助几条普遍规律,仅从个别数的定义就可以得出数公式,很可能这些定义既不断定观察到的事实,也不假设它们的合法性。因此重要的是认识那些规律的实质。

密尔[①]想把"由部分构成的东西,是由这些部分的部分构成的"这个定理用到前面提到的他对 5+2=7 这个公式的证明。他把这看作是通常以"算数之和相等"这种形式闻名的定理的一种更有特色的表达。他称这个定理为归纳的真命题和最高等级的自然律。他的描述有不精确的地方,特别是在根据他的观点证明是必不可少的地方,他根本没有使用这个定理;然而他的归纳的真命题似乎确实可以代替莱布尼兹的公理:"如果代入相等的数,等式保持不变。"但是,为了能够把算术的真命题称为自然律,密尔加入了一种它们没有的意义。例如,他认为[②] 1=1 这个等式可以是假的,因为一磅东西与另一磅东西的重量并非总是完全相等。但是 1=1 这个句子也根本不是要陈述这一事实。

密尔是这样理解+这个符号的:通过它,表达了一个物理物体诸部分与其整体的关系,或一堆东西诸部分与其整体的关系;但这不是这个符号的意义。5+2=7 并不意谓,当人们把 2 个单位容量的液体注入到 5 个单位容量的液体中,就得到 7 个单位容量的

① 《演绎和归纳逻辑系统》,第 3 卷,第 24 章,§5。
② 同上书,第 2 卷,第 6 章,§3。

液体,相反这是那个句子的一种应用,只有在不是由于譬如化学作用而发生容积变化时,这种应用才是允许的。密尔总是把能够对算术句子所做的常常是物理的并且是以观察的事实为前提的应用与纯数学句子本身混淆起来。尽管加号在许多应用中似乎相当于形成一堆东西;但这不是它的意谓;因为在其他一些应用中,不会有堆积、聚合、物理物体与其诸部分的关系的问题,例如当人们计算一些大事件时。尽管这里也可以谈论部分;但是这时就不是在物理学或几何学的意义上,而是在逻辑的意义上使用这个词,正如当人们称谋杀国家元首毕竟也是谋杀的一部分时那样。这里有逻辑的下属关系。因此加法一般也不相应于任何物理关系。由此可见,一般的加法规律也不能是自然律。

§10. 但是它们也许可能依然是归纳的真命题。这如何料想得到呢? 应该从哪些事实出发,以便提高到普遍性呢? 大概只能从数公式出发。当然这样我们又失去了我们通过对个别数的定义而得到的那种优点,在这种情况下,我们就不得不寻找另一种建立数公式的方式。即使我们现在不考虑这种并非完全无足轻重的疑虑,我们依然会发现这个基础对归纳是不利的;因为这里缺少那种在其他场合能够给予归纳方法极大的可靠性的相似性。对于菲拉雷特的论断:

"数的不同模式只能有或多或少的差异;因此它们是简单的模式,就像空间模式一样",
莱布尼茨[①]就已经作出回答:

---

① 鲍曼:《论时间、空间和数学》,第 2 卷,39 页(Erdm.,第 243 页)。

"可以这样谈论时间和直线,但是绝不能这样谈论图形,更不能这样谈论数,因为数不仅在量的方面不同,而且也不相像。一个偶数可以分为两个相等的部分,而一个奇数就不能这样分;3 和 6 是三角形数,4 和 9 是平方数,8 是一个立方数,等等;而且这在数中比在图形中出现得还多;因为两个不相等的图形可以是彼此完全相似的,但是两个数绝不会这样。"

尽管我们已经习惯于在许多方面把数看作是同类的;但这仅仅是因为我们知道一系列对所有数都有效的普遍句子。然而现在在这里我们必须基于这样的立场,即还不知道任何这样的句子。实际上可能很难找到一个与我们这种情况相应的归纳推理的例子。一般来说,我们常常利用下面这个句子:空间中的每一点和时间中的每一刻本身和其他每一点和每一刻一样完好。只要条件相同,一个结果在另一点和另一刻就必然同样完好地出现。然而这里却行不通,因为数是非时空性的。数序列中的位置与空间的点不是等价的。

数之间的关系也完全不同于个体东西,譬如一类动物之间的关系,因为数有一种由其本性决定的排列次序,因为每个数都以自己的方式建立起来并且有自己的性质,这些性质在 0、1 和 2 的情况下表现得特别突出。如果人们在其他情况下通过归纳建立一个与属有关的句子,那么通常仅通过对属概念的定义,就已经得到一整系列共同的性质。而在这里,即使找到一种单一的本身没有首先被证明的性质也是很难的。

我们这种情况可能最容易与下面的情况进行比较。在一个钻孔中人们注意到,气温随着深度有规律地增长;至此人们遇到了极不相同的岩层。在这种条件下,仅从在这个钻孔中所作的观察,显然推论不出任何与更深岩层的性质有关的东西,而且气温是不是依然会继续这样有规律地延伸分布,也一定无法确定。尽管至此观察到的东西以及处于更深层的东西下属于"继续打钻将遇到的东西"这个概念;但是在这里它们不会有什么用处。在数的情况,数全部处于"通过继续加一而得到的东西"这个概念之下,这对我们同样不会有什么用处。在这两种情况中可以发现一种差异,即岩层只能被人们遇到,而数却恰恰是通过继续加一被创造出来,并且根据其全部本性得到确定。这只能说明,人们以通过加 1 而形成一个数,比如 8 这个数的方式,可以推出数的所有性质。这样就基本承认了从数的定义得出数的性质而且还显示出这样一种可能性:可以从所有数共同的形成方式证明数的普遍规律,而从特殊的方式可以得出个别数的特殊性质,正像通过继续加一而建立这些数一样。这样,不必用归纳,人们也可以由此推出那些在地层中仅由遇到地层的深度就已经确定的东西,因而推出地层的状况关系;但是由此没有确定的东西,归纳也不能告诉人们。

如果不把归纳方法单纯地理解为一种习惯,那么很可能仅借助算术的普遍句子就能证明它本身的合理性。因为习惯完全没有确保真的能力。科学方法依据客观的尺度有时仅在一次证明中就建立起很高的概率,有时却把千百次证明几乎看作毫无价值,而习惯却通过印象的次数和深刻程度,通过绝没有任何理由影响我们判断的主观状态被确定下来。归纳必须依据概率学说,因为它至多可以使一个句子成为概率的。但是如何能够在不假设算术规律的前提下发展概率学说,却是无法预料的。

§11. 莱布尼兹①的观点与此相反,他认为像算术中发现的那样的必然真的命题必须有一些原则,这些原则的证明不依赖于例子,因而不依赖于感觉证据,虽然没有感觉谁也别想去考虑这些原则。"整个算术是我们生来就有的,而且是以潜在的方式在我们心中。"他用"生来就有的"这个表达意谓什么,在另一个地方②得到说明:"人们习得的所有东西都不是生来就有的,这样说是不对的;——数的真命题在我们心中,可人们仍然学习它们,无论是当人们以证明的方式学习它们时从其本源得出它们(这恰恰表明,它们是生来就有的),或是……"。

算术定律是先验综合的还是分析的?

§12. 如果人们补充说明分析和综合的对立,就得到四种组合,然而可以取消其中的一种,即

　　　　后验分析的。

如果人们随着密尔赞同后验的,那么就没有选择,因而对我们来说,只还有

　　　　先验综合的

和

　　　　分析的

这两种可能性需要考虑。康德赞同前者。在这种情况下,大概只能乞求一种纯粹的直觉作为最终的认识基础,尽管这里很难说这

---

① 鲍曼:《论时间、空间和数学》,第 2 卷,13—14 页(Erdm.195、208—209 页)。
② 同上书,第 2 卷,第 38 页(Erdm.第 212 页)。

是空间的还是时间的,或者可能还是其他什么。鲍曼[1]同意康德的观点,尽管理由不同。利普希兹[2]也认为,表明数不依赖于计数方法以及加数可以交换也可以结合的那些定律,是从内在直觉产生出来的。汉克尔(Hamkel)[3]基于三条原理建立了实数理论,他认为这些原理具有 notiones communes(普通概念)的特征:"它们经过解释成为完全显然的,根据对量的纯粹直觉对一切量的领域都是有效的,并且能够在不丧失自身特征的情况下变为定义,这时人们说:量的相加是一种满足这些原理的运算。"最后这句陈述有一点不清楚的地方。也许人们可以做出这个定义;但是它绝不能替代那些原理。因为在应用定义时总会涉及这样的问题:数是量吗?人们通常称为数的加法的东西是这种定义意义上的加法吗?而且为了回答这些问题,人们必须已经知道关于数的那些原理。此外,"对量的纯粹直觉"这个表达引起反感。如果人们考虑所有被称为量的东西:数、长度、面积、容积、角度、曲率、质量、速度、力、光强度、电流强度等等,那么大概可以理解,人们如何能够把这置于一个量概念之下;但是绝不能承认"对量的直觉"这个表达是合适的,更不能承认"对量的纯粹直觉"这个表达是合适的。我甚至不能承认对 100000 的直觉,更不能承认对普遍的数的直觉或甚至对普遍的量的直觉。但是这时人们不应该完全无视"直觉"这个词的意义。

　　康德在《逻辑》这本著作中(Hartenstein 编,VIII,S.88)定义

---

①　鲍曼:《论时间、空间和数学》,第 2 卷,第 669 页。

②　《数学分析教程》(Lehrbuvh der Analysis,Bd.I.,S.1)。

③　汉克尔:《复数系统理论》(Theorie der complexen Zahlensysteme,S.54u.55)。

如下：

"直觉是一种个别的表象（repraesentatio singularis），概念是一种普遍的表象（repraesentatio per notas communes）或反思的表象（repraesentatio discursiva）。"

这里根本没有表达与感性的关系，而在《超验美学》中却考虑了这种关系。没有这种关系，直觉就不能用作先验综合判断的认识原则。他在《纯粹理性批判》中（Hartenstein 编，III, S.55）写道：

"因而借助感性，对象被给予我们，而且只有感性为我们提供直觉。"

由此看来，直觉这个词的意义在《逻辑》中比在《超验美学》中更广。在逻辑的意义上 100000 也许可以被称为一种直觉；因为这不是一个普遍概念。但是在这种意义上理解，就不能用直觉作为算术规律的根据。

§13.一般来说，最好不要过高估计与几何学的亲缘关系。针对这一点，我已经引用了莱布尼兹的一段话。仅考察几何学上的一个点本身，根本不能把它与其他任何一个点相区别；对于直线和平面也是如此。只有在直觉中同时把握了许多点、直线和平面时，人们才能区别它们。如果在几何学中从直觉获得普遍的句子，那么由此也就说明，直接看到的点、直线、平面其实根本不是特殊的东西，因而可以被看作是它们整个属的代表。在数的情况中则不同：每个数都有自己的独特性。人们无法立即说出，一个确定的数在什么程度上可以代表所有其他的数，数的特殊性在什么地方起作用。

§14.联系由真命题支配的领域来比较真命题，也表明不利于算术定律的经验的和综合的性质。

经验句子对于物理的或心理的现实是有效的。几何学的真命题支配着空间直观东西的领域,尽管现在它是想象力的实现或产物。传说和诗歌中有一些最放纵狂热的想象,最大胆不羁的创作,它们使动物说话,使日月星辰静止不动,使石头变成人,并且使人变成树,它们还告诉人们,人如何抓住自己的头发把自己拽出泥沼。然而只要它们是直观的,就依然受到几何学公理的约束。只有概念思维能够以某种方式摆脱这些公理,譬如在假定一种四维空间或正曲率量的空间的时候。这样的考虑不是完全无用的;但是它们完全抛弃直觉基础。如果在这里也借助直觉,那么这依然始终是欧几里得空间的直觉,即那唯一的、我们有某种关于它的形象的空间的直觉。然而在这种情况下,这种直觉不是被当作像它实际的那样,而是被当作象征其他某种东西;例如,人们把直观上看到的弯曲的东西叫作直的或平的。对于概念思维而言,人们可以总是假定与这条或那条几何公理相对立的东西,而在根据这些与直觉相悖的假定进行推理时又不陷入自相矛盾。这种可能性表明,几何公理相互独立,并且不依赖逻辑的初始规律,因而是综合的。对于有关数的科学的原理可以这样说吗?如果人们要否认这些原理中的一条,一切岂不会乱套了吗?这样一来,还能进行思维吗?算术基础不是比所有经验科学的基础,甚至比几何学基础更深吗?算术的真支配着可计数的领域。这一领域是最广博的,因为它不仅包括现实的东西,不仅包括直观的东西,而且还包括一切可被思考的东西。那么,数的规律与思维规律难道不应该联系得最密切吗?

§15. 应该预料到, 莱布尼兹的陈述只能表明有利于数规律的分析性质, 因为在他看来, 先验的与分析的是重合的。比如他说[1], 代数的优点得自一门高级得多的艺术, 即真正的逻辑。在另一个地方[2], 他把必然真命题和偶然真命题与可公约量和不可公约量进行比较, 认为在必然真的情况, 证明或化归为同一是可能的。但是这些说法失去说服力, 因为莱布尼兹喜欢把所有真命题都看作是可证明的[3]: "每个真命题都有其从术语概念得出的先验的证明, 即使我们并非总能够达到这种分析"。当然, 与可公约性和不可公约性的比较在偶然真命题和必然真命题之间又建立了一种至少对于我们来说是不可逾越的限制。

W.S. 杰芬斯[4]坚定不移地表明赞同数规律的分析性: "数不过是逻辑的区别, 而代数是一种高度发展的逻辑。"

§16. 但是这种观点也有自己的困难。这株高大挺拔、分枝广远而且仍然还在增长的数的科学之树, 难道能够植根于纯粹的同一性之中吗? 而且如何能够最终从逻辑的空洞形式获得这样的内容呢?

密尔[5]认为: "通过对语言的熟练驾驭, 我们就能够发现事实, 揭示隐蔽的自然过程, 这样一种信条是违反常识的, 也许只有在哲学方面取得很大进步才能相信它。"

---

① 鲍曼:《论时间、空间和数学》, 第 2 卷, 第 56 页(Erdm., 第 424 页)。
② 同上书, 第 2 卷, 第 57 页(Erdm., 第 83 页)。
③ 同上书, 第 2 卷, 第 107 页(Rertz, II, [1], 第 55 页)。
④ 《科学原理》(*The Principles of Science*, London 1879 [3.Auflage], S.156)。
⑤ 《演绎和归纳逻辑系统》, 第 2 卷, 第 6 章, §2。

当然,只有在熟练驾驭语言的过程中什么也没有想时才会如此。这里密尔在反对一种几乎没有任何人主张的形式主义。任何使用词或数学符号的人都要求它们意谓一些东西,谁也不会期待从空洞的符号产生某种有意义的东西。但是一位数学家却不用把他的符号理解为感官上可感觉的、可直观感受的东西,就能进行很长的计算。因此,这些符号还不是没有意义的;人们仍然要把它们的内容和它们本身区别开,尽管也许只有通过符号才可以把握内容。人们认识到,可以规定不同的符号表示相同的东西。只要知道以下两点就足够了:应该如何以逻辑方法处理从符号感受到的内容;在打算应用于物理学时,必须如何实现向现象过渡。但是在这样一种应用中,不应该注意句子的实际意义。在这种应用中总是失去大部分普遍性,并且加入一些特殊的东西,而在其他应用中,这些东西将被其他东西取而代之。

§17.尽管人们非常贬低演绎,但是依然不能否认,由归纳建立的规律是不够的。从这些规律必然推导出一些新句子,而其中任何一条规律本身却不包含这些句子。这些句子已经以某种方式隐藏在所有规律的整体之中,但这并没有免除人们由此揭示它们和确立它们自身性质的工作。这样就呈现出下面的可能性。人们可以不把一个推理串与一个事实直接联系起来,而是对事实不予考虑,把其内容作为条件加以接纳。当人们以这种方式把一个思想序列中的所有事实代之以条件时,就得到这样一种形式的结果:一种结果依赖于一系列条件。这种真就会只通过思维,或者用密尔的话说,通过对语言的熟练驾驭而建立起来。数的规律具有这种性质,这不是不可能的。在这样的条件下,它们就会是分析判断,尽管它们不必是仅仅被思维发现的。因为这里考虑的不是发现的方式,而是论据的种类;或者正像莱布尼兹所说:[①]"这里不是探讨在不同人那里表现为不同的我们人类所发现的历史,而是探讨有关永远相同的真命题的联系和自然次序。"观察最终本应该判定,以这种方式建立的规律所包含的那些条件是不是得到满足。这样人们最终恰恰会达到由于把推理串与观察的事实直接联系起来而实际上达到的地方。但是在许多情况下人们都更喜欢这里提示的这种过程,因为它导致一种普遍的句子,而这句子不必只适用于眼前存在的事实。这样,算术的真命题与逻辑的真命题的关系就类似于几何学的定理与公理的关系。它们各自都会有一整系列未来使用的推理串,其用途将在于:人们不必再进行个别的推理,而是能够立即说出这整个系列的结果。[②] 由于算术学说的巨大发展及其多方面的应用,广为流行的对分析判断的蔑视和关于纯逻辑毫无成果的无稽之谈将再也没有立足之地。

　　这种观点并不是本文这里首先提出来的。在我看来,如果人们能够十分严格地、具体地坚持这种观点,从而不留有丝毫怀疑,那么结果就不会是完全不重要的。

---

　　① 《新论》(*Nouveau Essais*,IV,§9,Erdm.S.362)。

　　② 引人注意的是,密尔(《演绎和归纳逻辑系统》,第2卷,第6章,§4)似乎也表达了这种观点。他那清醒的意识正好常常打破他赞同经验的偏见。但是这种偏见总是又把一切搞乱,因为这使他把算术的物理应用与算术本身混淆起来。他似乎不知道,即使条件不真,一个假言判断也可以是真的。

II. 一些著作家关于数概念的看法

§18. 当我们现在转而考虑算术的原初对象时,我们把3、4等等这些个别的数与数这个普遍概念区别开。现在我们已经决定同意这样的观点:最好以莱布尼兹、密尔、H.格拉斯曼和其他一些人的方式从一和加一得出个别的数,但是只要还没有解释一和加一,这些解释就还是不完整的。我们已经看到,人们需要普遍的句子,以便从这些定义推导出数公式。这样的规律恰恰由于其普遍性而不能从个别数的定义得出,而只能从数这个普遍概念得出。现在我们更精确地考虑这个概念。这里大概还必须讨论一和加一,因此还必须期待着补充对个别的数的定义。

§19. 这里我要立即反对这样一种企图,即在几何学中把数理解为长度或平面的关系数。人们显然相信,通过一开始就确立算术和几何学的最密切的联系,有助于把算术应用于几何学。

牛顿[①]认为,把数与其理解为一个单位集,不如理解为每一个量与另一个被看作单位的同类量之间的抽象关系。可以承认,这样就恰当地描述了广义的数,甚至也可以包括分数和无理数;但是在这种情况下就预先假设了量和量的关系的概念。由此看来,对

———————

① 鲍曼:《论时间、空间和数学》,第1卷,第475页。

狭义的数的解释，即对数的解释就不是多余的；因为欧几里得为了定义两个长度关系的相等，需要使用等倍这个概念；而等倍又回到数的相等。但是可能有这种情况：可以独立于数概念来定义长度关系的相等。然而在这种情况下，人们依然不清楚以这种几何学方式定义的数与日常生活中的数会是什么关系。后者与科学是完全脱离的。然而也许人们能够要求算术必须为数的每次应用提供出发点，即使这种应用本身不是算术的事情。甚至在日常计算中也一定会发现算术方法的科学根据。而且，如果人们考虑一个方程式的根这个数、素数和比素数更小的数以及类似情况，那么就会产生一个问题：算术本身以一个几何学的数概念够不够用。而对"多少"这个问题作出回答的数也能够确定一个长度包含多少单位。带有负数、分数、无理数的计算也能化归为带有自然数的计算。但是在数被定义为量的关系时，牛顿也许愿意把量不仅理解为几何学的量，而且理解为集合。然而在这种情况下，这种解释对于我们的目的是不适用的，因为在"借以确定一个集合的数"和"一个集合和集合单位的关系"这两个表达中，后一个并没有提供比前一个更多的信息。

§20. 因此，第一个问题将是：数是否可以定义。汉克尔[①]持反对意见，他说："把一个实物考虑或放置 1 次、2 次、3 次……是什么意思，这是不能定义的，因为放置这一概念原则上很简单。"然而这里重要的是 1 次、2 次、3 次，而放置则不太重要。如果这可以定义，放置的不可定义性就不会令我们担心。莱布尼兹倾向于把数

---

① 《复数系统理论》(*Theorie der complexen Zahlensysteme*)。

至少接近于看作是适当的理念,即看作是这样一个理念;它十分清晰,因而其中出现的所有东西也是清晰的。

如果总的来说人们更倾向于认为数是不可定义的,那么原因与其说在于从事物的存在本身得出相反的理由,不如说在于定义尝试的失败。

数是外在事物的性质吗?

§21. 让我们尝试至少在我们的概念中为数指定一个位置!在语言中,数一般总以与硬的、重的、红的这些指外在事物性质的词相似的形容词形式或在相似的定语联系中出现。人们自然会问,是不是对个别的数也必须这样理解,是不是因此也能够把数这个概念与譬如颜色这个概念排列在一起。

这似乎是康托尔(M. Cantor)的看法[①],他称数学是一门经验科学,因为数学最初是考虑外在世界的事物。只是通过从对象的抽象,才形成了数。

施罗德认为,由于可以通过一来摹写单位,因此就可以按照现实构造数,从现实得出数。他把这称为数的抽象。在这种摹写过程中,描述单位只着眼于其频繁性,而不考虑对事物所有其他性质的规定,譬如颜色、形状。这里频繁性只是数的另一个表达。因此施罗德把频繁性或数与颜色和形状并列起来,把它看作事物的一种性质。

---

① 康托尔:《基础算术的基本特征》(*Grundzüge einer Elementararithmetik*,S.2,§4.)。利普希兹也有类似看法,参见《数学分析教程》(*Lehrbuch der Analysis*,Bonn 1877.S.1)。

§22. 鲍曼①拒绝数是从外在事物得出的概念这种思想,"这是因为外在事物不向我们表现出任何严格的单位;它们向我们表现出一些分离的群或可感觉的点,但是我们可以任意把这些群或点本身又看作许多东西。"实际上,虽然我以纯粹的理解方式不能丝毫改变一事物的颜色或硬度,我却能够把伊利亚特理解为一首诗,理解为 24 章或理解为许多行诗。谈论一棵树有 1000 片叶子与谈论一棵树有绿叶子难道含义不是完全不同的吗? 我们赋予每片叶子绿色,而不是赋予每片叶子 1000 这个数。我们可以把这棵树的所有叶子都概括到它的树叶的名下。即使这树叶是绿的,1000 也不是绿的。那么 1000 这种性质究竟属于谁呢? 看上去,这几乎既不属于个别的叶子,也不属于叶子整体;也许它实际上根本就不属于外界事物? 如果我给某个人一块石头并说:确定它的重量,那么我以此就把他要研究的全部对象给予他了。但是如果我把一叠牌放到他手里并说:确定它们的数,那么他就不知道,我想知道的是这些牌的张数,还是一副完整的牌的数,还是譬如玩斯卡特的牌点数。我把这叠牌放到他手里,以此还没有把他研究的对象全给他;我必须补充一个词:张、副或牌点。人们也不能说,这里不同的数就像不同的颜色一样并列存在。我可以指着一个个别的有颜色的平面而不说一句话,却不能这样指着个别的数。如果我能够有同样的理由称一个对象为绿的和红的,这就标志着,这个对象不是绿色的真正的承载者。只有在纯绿色的平面上,我才有

_____

① 《算术和代数课本》(*Lehrbuch der Arithmetik und Algebra*,Leipz.1873,S.b,10u.11.)。

这个对象。因此,一个我能够有同样理由赋予不同数的对象也不是数的真正的承载者。

　　因此,颜色和数之间的一种本质区别在于,一个平面上的蓝颜色不依赖于我们的任意理解。它是一种反射某种光线,或多或少吸收其他一些光线的能力,我们的理解丝毫无法改变它。相反,我不能说,1 或 100 或其他任何一个数本身属于这叠牌,至多只能说,它们根据我们任意的理解方式属于这叠牌;这样我也就不能说,我们可以简单地将数作为谓词赋予它。我们要称为完整一副牌的,显然是一种任意的规定,这叠牌与此无关。但是当我们由此出发考察这叠牌时,我们也许发现,我们可以称它为两副完整的牌。谁若是不知道什么叫作一副完整的牌,谁大概就会从这叠牌发现任何一个别的数,却恰恰不是二。

　　§23.对于数作为性质属于谁这个问题,密尔是这样回答的[①]:

　　"一个数的名字表示一种性质,这种性质属于我们用这个名字称谓的事物的聚集;而且这种性质是这种能够形成聚集或分解为部分的独特方式。"

　　在这段话中,首先"这种……独特方式"(die charakteristische Weise)这个表达式中的定冠词是错误的;因为分解一种聚集可以有极其不同的方式,人们不能说仅一种方式就会是独特的。例如,一捆稻草可以这样分解——把每　根稻草切断,或这样分解——分成一根根稻草,或这样分解——分成两捆稻草。那么一堆一百

---

①　《演绎和归纳逻辑系统》,第 3 卷,第 24 章,§5。

粒的沙子是像一捆 100 根的稻草那样构成的吗？然而人们这里仍然有相同的数。在"一捆稻草"这个表达中，数词"一"确实没有表达出稻草是如何由细胞或由分子构成的。0 这个数还要造成更大的困难。难道必须由一根根稻草形成一捆之后才能够数一数吗？难道必须使全德国的盲人聚集在一起"德国盲人数"这个表达才有意义吗？一千颗麦粒在播种下之后就不再是一千颗麦粒了吗？确实有定理的证明的聚集或事件的聚集吗？然而这些也是可以数的。在这里，这些事件是同时发生的还是相隔了一千年，都是无关紧要的。

§24.这样我们就达到另一种不把数与颜色和强度并列在一起的理由：数适用于更大的范围。

密尔[①]认为，由部分构成的东西，是由这些部分的部分构成的，这个真命题对所有自然现象都是有效的，因为所有自然现象都是可数的。但是难道不能有更多可数的吗？洛克[②]说："数适用于人、天使、行为、思想——一切确实存在或能够被想象的东西。"莱布尼兹[③]拒斥了经院哲学家关于数不适用于非物质东西的看法，称数在一定程度上是一种非物质形象，这种形象是由任何一些种类东西统一形成的，这些东西总共为四，如上帝、天使、人、运动。因此他认为，数是十分普遍的东西并且属于形而上学。在另一处[④]他说："没有力量和能力的，不会得到重视；没有部分的，也就

---

① 《演绎和归纳逻辑系统》，第 3 卷，第 24 章，§5。
② 鲍曼：《论时间、空间和数学》，第 1 卷，第 409 页。
③ 艾本达，第 2 卷，第 2 页。
④ 同上书，第 56 页。

没有质量；但是没有任何不容纳数的东西。因此数仿佛是一种形而上学形象。"

如果一种从外在的东西抽象出来的性质能够转变为事件、表象、概念，而不发生意义变化，这实际上是不可思议的，就好像人们想谈论一个可融解的事件，一种蓝色表象，一个咸概念，一个坚韧的判断一样。

在没有感觉的东西身上出现按其本性是有感觉的东西，这是荒唐的事情。当我们看到一块蓝色平面时，我们有一种相应于"蓝色的"这个词的独特印象；而当另一块蓝色平面映入我们眼帘时，我们重新认出这种印象。如果我们要假定，在看到一个三角形时，某种有感觉的东西会以同样的方式相应于"三"这个词，那么我们必然会在三个概念上也重新发现这种情况；在某种没有感觉的东西身上就会有某种有感觉的东西。也许可以承认，相应于"三角形的"这个词有一种可感觉的印象，但是这里必须把这个词看作一个整体。其中的三，我们不是直接看到的；相反，我们看到某种能够与精神活动联系在一起的东西，这种精神活动导致一个其中出现了这个数的判断。那么我们凭什么感觉譬如亚里士多德建立的三段论的格的数呢？譬如以眼睛吗？我们至多看到表达这些三段论的格的符号，而没看到这些三段论的格本身。如果它们本身依然是无法看到的，那么我们如何能够看到它们的数呢？但是也许人们认为看到符号就足够了；符号的数与三段论的格的数是相等的。那么这是从哪里知道的呢？为此人们必须已经以其他方式真正确定了三段论的格的数。或者，"三段论的格的数是四"这个句子仅仅是"三段论的格的符号数是四"的另一种表达吗？不！假如符号的性质没有同样表现出符号表达之物的性质，就不会表达出任何有关符号的东西，谁也就别想知道有关符号的任何东西。由于相同的东西可以没有逻辑错误地以不同的符号表示，因此符号的数与符号表达之物的数甚至不必吻合。

§25. 对密尔而言，数是某种物理的东西，而对洛克和莱布尼兹来说，数却只存在于观念之中。实际上，正像密尔[①]所说，两个苹果与三个苹果是物理上不同的，两匹马与一匹马是物理上不同的，它们是可看见的和可触摸的不同的现象。[②] 但是由此能够推论出二性、三性是物理的东西吗？ 一双靴子可以是与两只靴子相同的可看见和可触摸的现象。这里我们有一种数的区别，没有物理的区别与它相对应；因为两只和一双绝不是相同的东西，正像密尔似乎有些古怪地相信的那样。那么最终如何能够对两个概念与三个概念作出物理上的区别呢？

贝克莱是这样说的[③]："应该看到，数绝不是在事物本身实际存在的固定和确定的东西。当心灵考虑一个观念本身或一些观念的组合，而心灵想要为之命名，从而使之适合一个单位时，数完全是心灵的创造。随着心灵以不同方式组合其观念，单位发生变化。而且正像单位发生变化一样，仅仅是单位聚合的数也发生变化。一个窗户＝1；一间有许多窗户的房屋＝1；许多房屋构成一个城市。"

---

① 《演绎和归纳逻辑系统》，第 3 卷，第 24 章，§5。

② 更严格地说，还必须作如下补充：只要它们确实是一种现象。但是如果某人在德国有一匹马，在美国有一匹马（在其他地方没有马），那么他就有两匹马。然而这不构成现象，只有各匹马本身才能称为现象。

③ 鲍曼：《论时间、空间和数学》，第 2 卷，第 428 页。

数是主观的东西吗？

§26. 在这种思维过程中,人们最终很容易把数看作某种主观的东西。数在我们心中形成的方式似乎能够说明数的本质。因此在这样的情况下,进行心理学研究是重要的。利普希兹[①]也许是在这种意义上说:

"谁想获得对某些事物的概观,谁就要从一个特定的事物开始,并且总是在前面的事物上添加一个新事物。"这似乎更适合于说明我们如何得到譬如对一个星座的直觉,却不太适合说明数的构造。企望获得概观,不是至关重要的;因为人们几乎不能说,如果人们得知一个畜群是由多少头牲畜组成的,这个畜群就更为明了清楚。

对作出一个关于数的判断之前发生的内在过程进行这样一种描述,即使再合适,也绝不能代替对概念的真正规定。这种描述绝不能被用来证明算术句子;我们从它无法了解数的任何性质。因为正像数譬如说不是北海一样,数也同样不是心理学对象或心理过程的结果。我们想从地球上总水面中划分出哪一部分并命名为"北海",依赖于我们的任意抉择,并不妨碍北海的客观性。这绝不是要以心理学的方式研究这片海域的理由。同样,数也是某种客观的东西。如果人们说"北海有 10000 平方里大",那么用"北海"和"10000"都不是意谓自己内心的一种状况或过程,而是断定某种

---

① 《数学分析教程》(*Lehrbuch der Analysis*,S.1)。我认为,利普希兹是指一种内在过程。

与我们的表象之类的东西无关的完全客观的东西。如果我们譬如以后想对北海的水域作出某种不同的划分或把"10000"理解为某种不同的东西,那么前一次正确的那个内容也不会变成错误的;而是这样的情况:一个假内容也许悄悄取代了一个真内容,但是由此却绝不会消除真内容的真。

植物学家在说出一朵花的花瓣的数时,就像在说出它们的颜色时一样,都要说出一些事实。二者同样不依赖于我们的任意性。因此数和颜色之间有某种相似性;但是这种相似性并不在于可以通过感官在外界事物上感觉到它们,而在于二者都是客观的。

我把客观的东西与可触摸的东西、空间的东西或现实的东西区别开。地轴、太阳系的质心是客观的,但是我不想把它们像地球本身那样称为现实的。人们常常把赤道叫作一条想到的线,但是若把它叫作一条臆想的线就会是错误的;它不是通过思维而形成,即不是一种心灵过程的结果,而仅仅是通过思维被认识到,被把握的。如果被认识的过程是一种形成过程,那么关于赤道,我们在这种所谓的形成过程之前的任何时候都不会说出任何确切的东西。

根据康德的观点,空间属于现象。有可能,空间在其他理性动物面前表现得与在我们面前完全不同。确实,我们甚至不能知道,空间在此人面前与在彼人面前表现得是否一样;因为我们不能把此人的空间直觉与彼人的空间直觉摆放在一起加以比较。但是这里仍然含有某种客观的东西;所有人都承认相同的几何公理,尽管只有自己去做,而且若想认识世界,就必须自己去做。这里,客观的东西是合乎规律的东西,概念的东西,可判断的东西,能够用词语表达的东西。纯直觉的东西不是可传达的。为了说明这一点,让我们假定两个理性动物,对于他们,只有投射的性质和关系是可直观感受的:一条直线上有三个点,一个平面上有四个点,等等;可能对一方表现为平面的东西,另一方却直观感受为点,并且反之亦然。在一方看来是由几个点连成的线的东西,可能对另一方是几个平面相交的边,如此等等,而且总是这样双重对应的。在这种情况下,大概他们能很好地相互理解,却绝不会发现他们直观感受上的差异,因为在射影几何学中,每个定理都有另一个双重对立的定理;因为在审美鉴赏方面的分歧不会成为可靠的证据。关于所有几何学定理,他们也许会完全一致;只是他们将根据自己的直觉对这些词作出不同的翻译。譬如一方把这种直觉与"点"这个词联系起来,另一方把那种直觉与"点"这个词联系起来。因此人们总还能够说,这个词对于他们意谓某种客观的东西;只是不能把这种意谓理解为他们直觉的特殊的东西。而且在这种意义上地轴也是客观的。

在"白的"这个词,人们一般想到某种感觉,这当然是完全主观的;但是我觉得,日常的语言用法经常表现出一种客观的意义。当人们称雪为白的时,人们是要表达出一种客观性质,这种性质是人们在一般的日光下借助某种感觉认识到的。如果雪在有颜色的照明下,那么在判断时就要把这种情况考虑在内。人们也许会说:"现在它看上去是红的,但它是白的。"甚至色盲也可以谈论红的和绿的,尽管他在感觉上区别不出这些颜色。他认识到这种区别是因为别人作出这种区别,或者也许是通过一种物理实验。因此颜色词常常不表示我们的主观感觉,我们无法知道这种感觉与另一个人的感觉是一致的(因为很显然,相同的命名根本保证不了这种一致），相反，颜色词表示一种客观性质。因此我把客观性理解为一种不依赖于我们的感觉、直觉和表象，不依赖于从对先前感觉的记忆勾画内心图像的性质，而不是理解为一种不依赖于理性的性质。因为回答不依赖于理性的东西是什么这个问题，等于是不经判断而下判断，不弄湿皮大衣而洗皮大衣。

§27.因此我也不能同意施罗埃密尔西（Schloemilch）的观点[①]，他把数称为一个对象在一个系列中的位置的表象。[②] 如果数是一种表象，算术就会是心理学。但是正像譬如天文学不是心理学一样，算术也不是心理学。正像天文学不研究行星的表象，而研究行星本身一样，算术的对象也不是表象。如果二是一个表象，那么它首先只会是我的表象。另一个人的二的表象已经是另一个不同的表象了。这样我们也许会有几百万个二。人们必须说：我的二，你的二，一个二，所有二。如果人们接受潜在的或无意识的表象，那么人们也会有无意识的二，而这些二以后又会变成有意识

---

① 施罗埃密尔西：《代数分析手册》（*Handbuch der algebraischen Analysis*，S.1）。

② 人们也可提出反对意见说，如果这样，那么在出现同一个数时，必然总会表现出一个位置的同一个表象，这显然是错误的。如果他要把表象理解为一个客观观念，那么以下论述就会是不相关的；但是如果这样，位置表象和位置本身之间会有什么区别呢？

　　主观意义的表象是心理学联想规律与之有关的东西；它具有可感觉的、形象的性质。客观意义的表象属于逻辑，而且本质上是不可感觉的，尽管这个意谓一种客观表象的词也常常带有一种不是其意谓的主观表象。主观表象在不同的人常常可以得到不同的证明，而客观表象对所有人都是相同的。人们可以把客观表象分为对象和概念。为了避免混淆，我将只在主观意义上使用"表象"一词。由于康德把这两种意义与这个词结合在一起，他赋予他的学说一层非常主观的、唯心主义的色彩，使人们很难认识他的真正观点。这里作出的区别与心理学和逻辑之间的区别是同样有理由的。如果人们总是能够极其严格地把握它们之间的相互区别就好了！

的。随着新人的成长,总会形成新的二,谁知道它们会不会用不了一千年就会发生变化,以致 $2 \times 2 = 5$ 呢?尽管如此,是否像人们通常认为的那样会有无穷多数,仍是令人怀疑的。也许 10^{10} 只是一个空符号,在任何生物中根本就不会有可以这样命名的表象。

我们看到,进一步发挥数是表象这样一种想法会导致什么奇异的后果。而且我们达到以下结论:数既不像密尔的小石子堆和姜汁糕点那样是空间的和物理的,也不像表象那样是主观的,而是不可感觉的和客观的。客观性的基础绝不在作为我们心灵作用的完全主观的感觉印象之中。在我看来,客观性的基础只能在理性之中。

如果最严格的科学竟应该依据无把握的、尚在摸索中的心理学,这将是令人奇怪的。

作为集合的数

§28. 一些著作家把数解释为集合,多或众多。这种解释方式的一种弊病在于从这个概念中排除了 0 和 1 这两个数。上述表达是很不确定的:有时它们更接近"堆"、"群"、"聚集"的意谓(这些词使人想到的是一种空间聚合),有时它们的用法几乎与"数"有相同的意谓,只是更不确定。因此在这样一种解释中无法得到对数这个概念的分析。为了构造数,托迈(Thomae)[①]要求对不同的实物集合给予不同的命名。这显然意味着要更严格地规定那些其命名

① 托迈:《分析函数基础理论》(*Elementare Theorie der analytischen Funktionen*,S.1)。

仅仅是外在符号的实物集合。现在的问题是,这种规定属于哪一类? 如果人们想引入一些无法辨认其共同成分的名字来替代"3颗星"、"3 根手指"、"7 颗星",那么显然不会形成数这个观念。重要的不在于终究给以命名,而在于自身表明数是什么。为此就必须根据数的独特性认识到数。

还应该注意下面的差异。一些人称数为事物或对象的集合;另一些人像欧几里得①那样,把数解释为一种单位集合。这种表达需要专门讨论。

---

① 《几何基础》开篇:〔单位是这样的东西,借助它,各个存在的事物被称为一。数是由一些单位构成的多。〕

III. 关于单位和一的看法

"一"这个数词表达对象的一种性质吗？

§29.欧几里得在《几何基础》第七卷一开始给出的定义中，似乎用"μονας"这个词有时表示一个可数的对象，有时表示这样一个对象的一种性质，有时表示一这个数。人们可以把它们都翻译为"单位"，但这仅仅是因为这个词本身表现出这些不同的意谓。

施罗德①说："每一个可数的东西都被称为[一个]单位。"问题是，为什么要先使这些东西置于单位这个概念之下，而不是简单地解释说数是事物的集合呢，这又会使我们回到前面的观点。当人们根据语言形式把"一"看作形容词，并像理解"聪明人"那样理解"一个城市"时，人们可能是想首先把事物称为单位，从中找到更进一步的确定。在这种情况下，一个单位就会是一个对象，这个对象会带有"一"这种性质，而且它与"一"的关系就类似于"一个聪明人"与"聪明的"这个形容词的关系。上面已经提出一些理由反对数是事物的一种性质，对此这里还要特别补充几点。首先引人注意的是，每个事物都会有这种性质。这样就会令人无法理解，究竟为什么还要给一个事物明确地附加这种性质。仅仅由于这种可能

① 《算术和代数课本》，第5页。

性,即某种东西不是聪明的,梭伦是聪明的这个断定才获得一种意义。当一个概念的外延增加时,它的内涵就减少;如果它的外延包罗万象,那么它的内涵必然会完全消失。很难想象,语言如何能够创造出一个对于进一步确定一个对象根本就不会有用的形容词来。

如果可以像理解"聪明人"那样理解"一个人",那么就应该想到"一"也可以作为谓词使用,因而正如人们说"梭伦是聪明的"那样,人们也可以说"梭伦是一"或"梭伦是一个"。即使最后这个表达式也可以出现,孤零零的这个表达式本身也是无法理解的。例如,如果在其语境中可以补充"聪明人",它可以意谓:梭伦是一个聪明人。但是孤立的"一"似乎不能作谓词。① 在复数情况下这表现得还要清楚一些。人们可以把"梭伦是聪明的"和"泰勒斯是聪明的"合并为"梭伦和泰勒斯是聪明的",但是却不能说"梭伦和泰勒斯是一"。这里,如果"一"就像"聪明的"一样既是梭伦的性质又是泰勒斯的性质,那么看不出来为什么不能说"梭伦和泰勒斯是一"。

§30. 与此相关的是人们从未能给"一"这种性质下定义。当莱布尼兹②说"一是我们通过一种理解行为把握的东西"时,他是通过一本身来解释"一"的。但是难道我们不能通过一种理解行为把握多吗?莱布尼兹在同一个地方承认了这一点。鲍曼③以类似的方式说:"一是我们理解为一的东西",他还说:"我们把我们规定

---

① 出现一些似乎与此矛盾的用法;但是如果更仔细地考虑,人们就会发现,应该补充一个概念词,或者不把"一"用作数词,应该断定的是单位性而不是单一性。

② 鲍曼:《论时间、空间和数学》,第2卷,第2页。

③ 同上书,第2卷,第669页。

为点或不再规定为分开的东西看作一;但是我们也可以把外界直觉的每个一,无论经验的还是纯粹的,都看作多。每个表象若与另一个表象界限分明,就是一;但是每个表象自身又可以被区分为多。"因此概念的所有客观界限变得模糊不清,一切依赖于我们的理解。我们再一次问:如果根据理解每个对象都能够是一,也能够不是一,那么为任何一个对象赋予"一"这种性质能有什么意义呢?一门恰恰是致力于最大的明确性和精确性的科学,怎么能够依据一个如此含糊的概念呢?

§31. 尽管鲍曼①允许一这个概念依据内心直觉,但在上述引文处他却把不可分性和分界性称为标志。如果这合乎实际,那么可以期待甚至动物也能有某种关于单位的表象。一条狗在看见月亮时是不是确实也有一个关于我们用"一"这个词所标志的东西的、即便还是极不确定的表象呢? 很难! 然而它肯定区别了某些个别对象:另一条狗,它的主人,它玩耍的一块石头,这些东西在它看来肯定是界限分明的,自身存在的,不可分的,正如在我们看来一样。尽管它会察觉一种区别:必须防御许多条狗的攻击还是仅防御一条狗的攻击,但是这被密尔称为物理的区别。特别重要的是,关于我们以"一"这个词表达的那种共性,譬如在它遭到一条更大的狗咬和它追踪一只猫这两种情况的共性,它是不是有一种意识,即使是极其模糊的意识,我认为这是难以想象的。我由此推论,正像洛克②认为的那样,单位这个观念不是通过外在的每个客

①　鲍曼:《论时间、空间和数学》,第 2 卷,第 669 页。
②　同上书,第 1 卷,第 409 页。

体和内在的每个观念提供给理智,而是由于使我们与动物区别开来的这种更高的精神力量才被我们认识的。这样,动物和我们一样可以感到的不可分性和分界性这样的事物属性,就不可能是我们概念中本质的东西。

§32.然而人们仍然可以猜到某种联系。语言从"一"引申出"一体的",这时语言就表明这种联系。某种东西本身的区别比起它周围环境的区别变得越不重要,它的内在联系越是超过它与周围环境的联系,就越适合于把这种东西理解为特殊的对象。因此"一体的"指一种性质,这种性质使人们在理解中把某种东西与周围环境分开,并且考虑这种东西本身。如果"uni"这个法文词意谓"平的"、"平坦的",那么对这个词也应这样解释。在谈论一个国家的政治统一(单位),一件艺术作品的整体(单位)时,人们也以类似的方式使用"Einheit"(单位)这个词。[①] 但是在这种意义上,"Einheit"与其说属于"一",不如说属于"一体的"或"统一的"。因为,如果人们说地球有一个卫星,那么人们并不是要以此把这个卫星解释为一个界限分明的、自身存在的、不可分割的卫星;实际上,人们这样说是要表达出有别于与金星、火星或木星一起出现的那个东西。就分界性和不可分性来说,木星的卫星也许可以与我们的卫星相比,在这种意义上,它们也是统一的。

§33.不可分性被一些著作家提高成为不可分性。科普(G. Köpp)[②]把每个被认为是不可分解的和自身存在的,感官可感觉或

---

① 关于"单位"这个词的历史,参见欧克恩的《哲学术语历史》(Eucken,*Geschichte der philosophischen Terminologie*,S.122—123,S.136,S.220)。

② 科普:《小学算术》(*Schularithmetik*,Eisenbach,1867,S.5,u.6)。

不是感官可感觉的东西称为个别的东西,把可数的个别的东西称为一,这里"一"显然是在"单位"的意义上使用的。鲍曼以我们可以把外在事物任意看作多为依据论证他的观点:外在事物不表现为严格的单位,这时,他也把不可分解性冒充为严格单位的一种标志。通过把内在联系提高成为绝对的,人们显然想获得一种不依赖于任意理解的单位的标志。这种努力失败了,因为在这样的情况下几乎留不下任何可称之为单位的可数的东西。因此,随着人们不是提出不可分解性作标志,而是提出被认为不可分解的东西作标志,人们立即又开始后退。结果人们又回到动摇不定的理解。那么把事物看作与实际上不同究竟会得到什么好处吗? 恰恰相反! 从错误的假定能够产生错误的推论。但是如果人们不想从不可分解性推出任何东西,它还有什么用处呢? 如果人们能够放弃概念的严格性而无损于任何东西,甚至必须要放弃它,那么这种严格性还有什么用处呢? 但是也许人们只是不应该考虑可分解性。好像由于没有思维,竟能够达到某种东西! 但是有一些情况,在这些情况下,人们根本不可能避免思考可分解性,在这些情况下,一个推理甚至基于单位的复合构成,譬如在下面这个习题:一天有24 小时,3 天有多少小时?

单位是否彼此相等?

§ 34.因此各种解释"一"这种性质的企图都没有成功,而且我们大概必须放弃这样的观点:在把事物表示为单位时,必须有进一步的规定。我们又回到我们的问题:如果"单位"只是事物的另一个名字,如果所有事物都是单位或者可以被理解为单位,那么为什么称事物为单位呢？施罗德[①]提出归于计数物体的相等作为理由。首先看不出为什么"事物"和"对象"不能同样清楚地表示这一点。然后还有这样的问题，为什么把相等归于计数对象？是只把相等归于计数对象，还是对象真是相等的？无论如何绝没有两个对象是完全相等的。另一方面，人们也许几乎总能找出两个对象一致的方面。因此，如果我们不愿违背真而把超出适合事物的相等归于事物，我们就又回到任意的理解。实际上，许多著作家毫无保留地把单位称为相等的。霍布斯[②]说："绝对地说，在数学中，数自身假设了那些它们借以形成的相等的单位。"休谟[③]认为量和数的组成部分是完全类似的。托迈[④]称一个集合的个体为单位，他说："单位彼此是相等的。"人们可以同样有理由或者更正确地说："集合的个体彼此是不同的。"那么这种所谓的相等对于数来说应该意谓什么呢？借以区别事物的性质，对于事物的数来说是某种无关紧要和陌生的东西。因此人们要避开它们。但是以这种方式无法做到这一点。如果人们像托迈要求的那样，"从一个实物集的个体的独特性进行抽象"，或者"在考虑分离的事物时不看借以区别事物的标志"，那么正像利普希兹认为的那样，没有留下"被考虑事物的数这个概念"，相反，人们得到一个普遍概念，考虑的那些事物就处于这个概念之下。这些事物并不因此丧失任何具有特殊性的东西。例如，如果我在考虑一只白猫和一只黑猫时不看它们借

---

① 《算术和代数课本》，第 5 页。

② 鲍曼：《论时间、空间和数学》，第 1 卷，第 242 页。

③ 艾本达，第 2 卷，第 568 页。

④ 《分析函数基础理论》，第 1 页。

以相互区别的性质,那么我就可能得到"猫"这个概念。即使我现在把这两只猫置于这个概念之下,譬如把它们称为单位,这只白猫依然还是白的,这只黑猫依然还是黑的。即便是我不考虑颜色或决心不从颜色差异进行任何推论,这两只猫也不会变得没有颜色,它们依然像以前那样是不同的。通过抽象得到的"猫"这个概念,尽管不再含有那些特殊性,但是正因为如此它才仅仅是一。

§35. 以纯概念的处理方式不能使不同的事物相等;但是如果能够做到这一点,人们就不会再有一些事物,而是只有一个事物;因为正像笛卡尔[1]所说,事物的数——或更恰当地说,复数——是由事物的区别产生的。E.施罗德[2]正确地断言:"只有在存在着相互间可以得到清晰的区别(譬如在空间和时间上分离开并且相互间界限分明)的对象的地方,才能以理性的方式提出计数事物的要求。"实际上,过于相似,譬如一个栅栏的栏杆的过于相似,有时使计数变得很难。在这种意义上,W.S.杰芬斯[3]特别尖锐地指出:"数只是表示差异的另一个名字。严格的同一就是单位,随着差异产生多。"他还说(S.157):"人们常说,单位就是单位,只要它们彼此是完全相等的;但是,尽管它们在一些方面可能是完全相等的,它们至少在一点上必然是不同的;否则多这个概念就不能应用于它们。如果三枚硬币完全相等,以致它们在相同的时间占据相同的空间,那么它们就不会是三枚硬币,而是一枚硬币。"

§36. 但是不久就表明,关于单位是不同的这样一种观点遇到

---

① 鲍曼:《论时间、空间和数学》,第1卷,第103页。
② 《算术和代数课本》,第3页。
③ 《科学原理》(*The Principles of Science*,3d.Ed.S.156)。

了新的困难。杰芬斯解释说:"一个单位(unit)是思维的任何一个
对象,这个对象能够与在同一个问题中被看作是单位的其他每一
个对象区别开。"这里,单位通过自身被解释,"能够与……其他每
一个对象区别开"这个补充说明不含有任何进一步的规定,因为它
是自明的。我们称这个对象为另一个对象,恰恰只是因为我们从
一开始就能够区别它。杰芬斯继续说[1]:"当我写下 5 这个符号
时,我实际是意谓

$$1+1+1+1+1,$$

而且完全清楚,这些单位各个相互不同。如果需要,我可以如下标
志它们:

$$1'+1''+1'''+1''''+1'''''。"$$

如果它们是不同的,那么肯定需要以不同的方式表示它们;否则就
会产生最严重的混淆。如果出现一的这个不同的位置其实应该意
谓一种差异,那么一定会把这当作没有例外的规则,因为否则人们
就会无法知道,1+1 应该意谓 2 还是意谓 1。在这种情况下,人们
一定会抛弃 1+1 这个等式并且会陷入绝不能第二次表示相同事
物的窘境。这显然不行。但是如果人们想给予不同事物以不同的
符号,那么就看不出人们为什么在这些符号中还留有一种共同的
成分,人们为什么不愿意抛弃

$$1'+1''+1'''+1''''+1''''',$$

而写

$$a+b+c+d+e。$$

---

① 《科学原理》,第 162 页。

现在确实已经失去相等,而且对一定的相似性的说明也毫无用处。就这样,一在我们手中化为乌有;我们得到带有其一切特殊性的对象。

$$1', 1'', 1''' \cdots\cdots$$

这些符号生动地表达了下面这种窘境:我们必须有相等;因此必须有1;我们必须有差异;因此必须有小撇,不过遗憾的是,这些小撇又扬弃了相等。

§37. 在其他著作家那里,我们遇到相同的困难。洛克[①]说:"通过重复一个单位这个观念并且把这个观念加到另一个单位上,这样我们就构成一个以'二'这个词表示的集合观念。而且,谁能这样做并能继续做下去,在他关于一个数的最后一个集合观念上总是再加一,并且能给它一个名字,谁就能够计数。"莱布尼兹[②]把数定义为 1 加 1 加 1,或定义为单位。黑塞(Hesse)[③]说:"如果人们关于代数中以符号 1 表达的这个单位能够形成一个表象,……那么人们也能考虑第二个有同等权利的单位以及其他这一类单位。第二个单位与第一个单位结合成为一个整体,产生了 2 这个数。"

这里应该注意"单位"和"一"这两个词的意谓的相互关系。莱布尼兹把单位理解为一个概念,一加一加一加一处于这个概念之下,正像他还说的那样:"一的抽象是单位。"洛克和黑塞似乎用单位和一意谓相同的东西。其实莱布尼兹也正是这样做的,因为当

---

① 鲍曼:《论时间、空间和数学》,第 1 卷,410—411 页。

② 同上书,第 1 卷,第 3 页。

③ 《四个种》(*Vier Species*, S.2)。

他把处于单位这个概念之下的个别对象都称为一时,他用这个词表示的不是个别对象,而是个别对象处其之下的概念。

§38.然而为了不使混乱蔓延,最好在单位和一之间保持严格的区别。人们说"一这个数"("die Zahl Eins")并且以这里的定冠词意谓科学研究的一个确定的唯一的对象。没有不同的数一,而是只有一个。我们以 1 得到一个专名,作为一个专名,它不能有复数,就像"腓特烈大帝"或"金这个化学元素"一样。人们写 1 没有笔画区别,这不是偶然的,也不是一种不精确的标记方式。对于

$$3-2=1$$

这个等式,St.杰芬斯会重写为譬如:

$$(1'+1''+1''') - (1''+1''') = 1'。$$

但是,

$$(1'+1''+1''') - (1''''+1''''')$$

的结果会是什么呢? 无论如何不是 $1'$。由此可见,根据他的观点,不仅会有不同的一,而且会有不同的二,如此等等;因为 $1''+1'''$ 不能由 $1''''+1'''''$ 替代。人们由此清晰地看出,数不是事物的累积。如果想用不同的事物取代总是相同的一,那么即使是用十分相似的符号,也会取消算术;这些符号甚至不可能是毫无错误地相同的。然而人们不能假定,算术最根本需要的是一种有错误的书写。因此不可能把 1 看作是表示不同对象譬如冰岛、毕宿五、梭伦等等的符号。当人们考虑一个方程式有三个根,即 2、5 和 4 这种情况时,这种荒谬就变得最为明显。如果现在按照杰芬斯写出

$$1'+1''+1'''$$

表示 3,在这种情况下,如果把 $1'$、$1''$、$1'''$ 理解为单位,因而按照杰

芬斯把它们理解为这里出现的思维的对象,那么在这里就会是 $1'$ 意谓 $2,1''$ 意谓 $5,1'''$ 意谓 4。那么写下

$$2+5+4$$

表示 $1'+1''+1'''$,难道不是更明白吗?

复数仅对于概念词才是可能的。因此,如果人们谈到"(一些)单位(Einheiten)",那么使用这个词就不能与"一"这个专名有相同的意谓,而是用它作为概念词。如果"单位"意谓"被计数的对象",那么就不能把数定义为(一些)单位。如果人们把"单位"理解为包含一并且只包含一的概念,那么复数就没有意义,而且也不可能随莱布尼兹把数定义为单位或定义为 1 加 1 加 1。如果像在《本生和教堂墓地》中那样使用"加"*,那么 1 加 1 加 1 就不是 3,而是 1,就像金子加金子加金子绝不是不同于金子的东西。因此,必须把

$$1+1+1=3$$

中的加法符号理解为与"加"不同的东西,"加"帮助人们表达一种汇集,一种"集合的观念"。

§39. 因此我们面临着下面的困难:

如果我们想通过不同对象的结合而形成数,我们就得到一种包含着这样一些对象的聚集,这些对象恰恰带有使它们相互区别的性质;而且这并不是数。另一方面,如果我们想通过把相同的东西结合在一起而建立数,那么这总是汇合成为一,我们绝

---

* 德文"und"有"和"和"加"的意思。《本生和教堂墓地》中的"和"与"1 加 1 加 1"中的"加"都是"und",德文无区别,而中文要有不同的译法。——译者

达不到多。

如果我们用 1 表示每个被计数对象,这就是错误的,因为不同的东西得到了相同的符号。如果我们为 1 加上区别的笔画,它对于算术就成了无法应用的。

"单位"这个词非常适合于掩盖这个困难;而且这是人们不喜欢"对象"和"事物"这些词而更喜欢它的——甚至还是无意识的——原因。人们首先把被计数事物称为单位,这里差异保持其合法地位;然后,联结、汇集、结合、添加或像人们愿意使用的其他说法,转变为算术加法这个概念,而"单位"这个概念词不知不觉地变成"一"这个专名。这样人们就有了相等。如果我在 u 这个字母后面添加一个 n,并在 n 后面添加一个 d,那么谁都很容易看出,这不是 3 这个数。但是如果我把 u、n 和 d 置于"单位"这个概念之下,然后不说"u 和 n 和 d",而说"一个单位和一个单位再和一个单位"或"1 和 1 和 1",那么人们以此很容易相信得到了 3。困难通过"单位"这个词十分巧妙地隐蔽起来,以致知道这困难存在的人确实寥寥无几。

这里,密尔其实有权批评对语言的一种高超运用;因为这里的语言运用不是一种思维过程的外在现象,而只是这样一种过程的假象。这里人们实际上有一种印象,好像如果不同的东西仅仅由于被称为单位就变成相等的,那么毫无思想的词就被赋予了某种神秘的力量。

克服这个困难的尝试

§40.现在我们考察几种解释,这些解释表现出人们试图克服这个困难,尽管人们在进行这些解释时并没有始终清楚地意识到这一目的。

人们可以首先借助时间和空间的性质。就其自身考虑,一个空间点与另一个空间点,一条直线与另一条直线,或者一个平面与另一个平面,是根本不能区别的,全等的立体、面积或线段相互之间是根本不能区别的。它们只有作为一种总体直觉的组成部分共同存在时,才能得到区别。因此在这里,似乎相等与可区别性结合起来,类似的情况也适合于时间。霍布斯[1]大概是由此认为,几乎不能想象,单位的相等竟不是通过连续统的划分而形成的。托迈[2]说:"如果人们想象空间中个体或单位的一个集合,并且连续数这些个体或单位,对此时间又是必要的,那么在抽象过程中,依然要留下这些单位在空间中的不同位置及在时间中不同的相继次序作为单位的区别标志。"

对于这样一种理解方式首先产生了以下异议:如果这样,可计数的东西就会仅限于空间的东西和时间的东西。莱布尼兹[3]就已经批驳了经院学家下面这种现点:数是由仅仅对连续统的划分而形成的,不能用于非物体的东西。鲍曼[4]强调不依赖于数和时间的性质。即使没有时间,单位这个概念也是可以想象的。杰芬斯[5]说:"三枚硬币就是三枚硬币,无论我们是一个接一个地数它

①　鲍曼:《论时间 空间和数学》,第 1 卷,第 242 页。
② 《分析函数的基础理论》(*Elementare Theorie der Analyt.Functionen*,S.1)。
③ 鲍曼:《论时间、空间和数学》,第 2 卷,第 2 页。
④ 同上书,第 668 页。
⑤ 《科学原理》(*The Principles of Science*,S.157)。

们,还是同时考虑它们。在许多情况下,时间和空间都不是差异的理由,而只有质是差异的理由。我们可以把金子的重量、惯性和硬度理解为三种性质,尽管它们在时间和空间中任何一个也不在另一个之前,任何一个也不在另一个之后。进行区别的各种方法都能成为多的来源。"我要补充说:如果被计数的对象不是实际上一个跟着一个,而仅仅是一个跟着一个被计数,那么时间就不能是进行区别的理由。因为,为了能够一个接一个地计数它们,我们必须已经有用以区别的记号。时间只是计数的一种心理要求,与数这个概念却没有任何关系。如果人们允许以空间或时间点来表现非空间和非时间的对象,那么这对计数的解释也许能够有好处;但是从根本上说,这里预先假设了数概念可以应用于非空间和非时间的东西。

§41. 但是,如果除了空间和时间记号以外,我们不考虑任何用以区别的记号,那么确实将达到把可区别性和相等结合起来的目的吗? 不! 我们一步也没有接近这个问题的解决。如果对象最终必须保持相互分离,那么对象之间或多或少的相似与问题就毫无关系。正像我在考虑几何学问题时不能把个别的点、线等等都称为 A,我在这里同样不能都用 1 来表示它们;因为同在那里一样,这里也必须区别它们。只有就空间点自身而言,不考虑它们的空间关系,空间点彼此才是相等的。但是如果我把它们结合起来,我就必须依据它们在空间中的共同存在考虑它们,否则它们就会无可挽回地融合为一。点在整体上也许表现为任何一个星座式的形象或者以任何一种方式排列为一条直线,一些相等的线段也许以端点相接构成一个单一的线段,或者它们保持相互分离。以这种方式形成的图像对于同一个数可能是完全不同的。因此我们在这里可能也会有不同的五、六等等。时间点由或长或短、或同或异的间隔分离开。所有这些都是一些与数本身根本无关的关系。到处都混入了某种特殊的东西，数则因其普遍性而远远超越这些特殊的东西。甚至一个单一的时刻也有某种独特的东西，这个时刻以这种独特性譬如与另一个空间点区别开来，而在数概念中却不出现任何与此有关的东西。

§42. 以一个普遍的序列概念替代空间和时间次序来寻求出路，也不能实现目的；因为序列中的位置不成为区别对象的根据，这是由于这些对象必然已经根据某些标准得到区别，才能在一个序列中依次排列。这样一种次序总是以对象之间的关系为前提，无论是空间关系、时间关系、逻辑关系或音程关系，还是其他这样一些关系，它们可以引导人们从一个对象到另一个对象，并必然与这些对象的区别联系在一起。

当汉克尔①要求 1 次、2 次、3 次考虑或提出一个物体时，似乎也是企图在被计数对象上将可区别性与相等结合起来。但是人们也立即看出，这并不是成功的尝试。因为同一个对象的这些表象或直觉若是不融合为一，必然有这样或那样的不同。我也认为，人们有理由谈论 4500 万德国人，而不用先 4500 万次考虑或提出普通的德国人；这可能是很麻烦的事情。

§43. 也许是为了避免当人们随杰芬斯　起使每个符号 1 都意谓被计数对象中的一个时产生的这些困难，E.施罗德要以 1 仅

---

① 《复数系统理论》(*Theorie der complexen Zahlensysteme*, S.1)。

描述一个对象。结果,他只解释了数符号,而没有解释数。他是这样说的[①]:"现在为了得到一个能够表达存在多少那样的单位[②]的符号,人们按顺序一次注意它们之中的一个,并且用一划"1"(一个一)来描述它;人们把这个一一个接一个地排一行,通过＋(加)这个符号把它们相互联结起来,因为若不这样,根据数的习惯标记方式会把譬如 111 读作一百一十一。人们以这种方式得到

$$1+1+1+1+1$$

这样的符号,人们可以通过以下说法描述这个复合构成:

"一个自然数是诸一之和"。

由此看出,对于施罗德来说,数是一个符号。他以"存在多少那样的单位"这几个字把符号表达的东西、即我至此一直称为数的东西,假设为已知的。他甚至把"一"这个词理解为 1 这个符号,而不是它的意谓。"＋"这个符号对他来说首先只起没有自己的内涵的外在联结手段的作用;直到后来加法才得到解释。他本来也许可以更简要地说:人们有多少被计数的对象,就并列地写多少符号1,并且用"＋"这个符号把它们结合起来。不写下任何东西,将会表示零。

§44. 为了不把事物的区别记号一并收入到数中来,杰芬斯[③]说:

"关于数的抽象,现在将不难形成一种清晰的表象。它就在于抽象掉产生多的差异特征,同时只保留差异的存在。当我谈

---

① 《算术和代数课本》(*Lehrbuch der Arithmetik und Algebra*,S.5ff.)。

② 被计数的对象。

③ 《科学原理》,第 158 页。

论三个男人时,我不必立即逐个说明能够使其中每个人与其他两个人区别开来的标记。如果他们真是三个男人而不是同一个男人,这些特征就必然存在,而且当我把它们作为多个人谈论时,我以此也陈述了必要差异的存在。因此,无名数是差异的空的形式。"

应该如何理解这一点?要么可以在把区别事物的性质结合成为一个整体之前抽象掉它们;要么可以先构造一个整体,然后抽象掉这种差异。以第一种方式我们根本不会达到对事物的区别,因而也不能确定差异的存在;杰芬斯想的似乎是第二种方式。但是我不相信,我们以这种方式会获得 10000 这个数,因为我们没有能力同时把握这么多差异并且确定它们的存在;因为,如果它们会相继出现,那么数就会变得没完没了。尽管我们在时间中计数;但是通过时间我们却得不到数,我们只能确定它。此外,对抽象方式进行说明并不是定义。

应该把"差异的空的形式"理解为什么呢? 譬如是理解为

"a 是与 b 不同的"

(这里 a 和 b 依然是不确定的)这样一个句子吗? 这个句子会是譬如 2 这个数吗?

"地球有两极"

这个句子与

"北极与南极是不同的"

这个句子具有相同的意谓吗? 显然不是。第二个句子可以没有第一个句子而存在,第一个句子也可以没有第二个句子而存在。因此对于 1000 这个数,我们就会有

$$\frac{1000 \cdot 999}{1 \cdot 2}$$

这样的表达差异的句子。

杰芬斯的论述尤其不适合 0 和 1。例如,为了从月亮达到 1 这个数,人们实际上应该抽象掉什么呢?通过抽象人们也许会得 到下面这些概念:地球的伴星、一颗行星的伴星、自己不发光的天 体、天体、物体、对象;但是在这个序列中不能出现 1;因为它不是 月亮可以处其之下的概念。在 0 的情况,人们根本就不能有抽象 过程可由之出发的对象。0 和 1 不是在 2 和 3 那种意义上的数, 对此人们并不反对! 数回答"多少?"这个问题。例如当人们问这 颗行星有多少颗卫星时,人们可能回答说 2 或 3,同样也可能回答 说 0 或 1,而这个问题的意义却不会变成其他样子。尽管 0 这个 数有某种特殊的东西,1 这个数也有某种特殊的东西,但是每个整 数基本上都是如此;只不过数越大,越注意不到罢了。这里作出种 类的区别,完全是任意的。不适合 0 或 1 的,对于数这个概念就不 能是本质的。

最后,通过假定数的这种形成方式根本没有消除我们在考虑 以

$$1' + 1'' + 1''' + 1'''' + 1'''''$$

表示 5 时所遇到的困难。这种写法与杰芬斯关于构造数的抽象所 说的完全一致;即上方的小撇表示存在一种差异,却没有说明它们 的种类。但是正像我们看到的那样,依据杰芬斯的观点,仅这种差 异的存在就足以产生不同的一、二、三,而这与算术的存在是完全 不相容的。

困难的解决

§ 45. 现在让我们全面地看一下我们至此已经确定的东西和尚未得到回答的问题。

数不是以从事物抽象出颜色、重量、硬度的方式抽象出来的，它不是事物的这种性质意义上的性质。但是依然有一个问题：通过给出一个数，人们对什么作出一些陈述呢？

数不是物理的东西，但也不是主观的东西，不是表象。

数不是通过把一事物添加到另一事物上而形成的。即使在每次添加之后给予命名，也不会改变任何东西。

"多"、"集合"和"众多"这些表达由于不确定，因而不适合用来解释数。

关于一和单位，存在着这样一个问题：对于那种似乎混淆了一和多之间各种区别的任意理解，应该如何加以限制。

分界性、不可分性和不可分解性都不能用来作为我们以"一"这个词所表达的东西的标志。

如果把被计数的事物称作单位，那么"单位是相等的"这个无限制的断定就是错误的。单位在某些方面是相等的，这尽管正确，却没有价值。数若是变得大于1，被计数事物的差异甚至就是必然的。

因此看上去，我们必须赋予单位以两种矛盾的性质：相等和可区别性。

应该对一和单位作出区别。"一"这个词作为数学研究的一个对象的专名不能是复数。因此通过把许多一结合在一起而形成数是没有意义的。1＋1＝2 中的加号不能意谓这样一种"结合"。

　　§46.为了说明这个问题,在一个表现出数的原初应用方式的判断的上下文中考虑数,将是十分有益的。在我看到同一个外界现象时,如果我能够同样真地说:"这是一片树"和"这是五棵树",或者"这里有四个连"和"这里有 500 人",那么这里发生变化的既不是个别的东西,也不是整体,即集合,而是我用的称谓。然而这仅仅表明是以一个概念替代了另一个概念。由此使我们想到下面这个事实作为对上一段第一个问题的回答:即数的给出包含着对一个概念的表达,这一点也许在 0 这个数的情况最清楚。如果我说"金星有 0 个卫星",那么根本就不存在对之可作出某种陈述的卫星或卫星的集合;但是由此却赋予"金星的卫星"这个概念某种性质,即它不包含任何东西。如果我说:"皇帝的御车由四匹马拉",我就把四这个数赋予"拉皇帝御车的马"这个概念。

　　人们可能会反对说,譬如像"德国臣民"这样的一个概念,尽管它的特征保持不变,但是如果在一个给出数的表达中说出了它的一种每年都要发生变化的性质,它就会得到这样一种性质。针对这一点,人们可以说,对象也可以改变它们的性质,这并不阻碍人们承认它们是同一的。但是这里对原因还可以进行更确切的说明。实际上,"德国臣民"这个概念含有时间这个变化因素,或者用数学方式表达,它是一个时间函数。对于"a 是一个德国臣民",人们可以说:"a 属于德国",而且这恰恰涉及现在时刻。因此这个概念本身已经有某种流动的东西。与此相反,适合"柏林时间 1883年初的德国臣民"这个概念的永远是相同的数。

　　§47.数的给出表达了一些独立于我们理解的真实的东西,这种说法只能使那些认为概念是某种与表象相等的主观的东西的人感到奇怪。但是这种观点是错误的。例如，如果我们使物体这个概念下属于重物的概念，或者使鲸鱼这个概念下属于哺乳动物的概念，那么我们就以此判定了某种客观的东西。如果这些概念是主观的，那么一个概念下属于另一个概念这种概念之间的关系也就像表象之间的关系那样是主观的东西。乍一看，

　　　　"所有鲸鱼都是哺乳动物"

这个句子当然好像是关于动物的，而不是关于概念的；但是，如果人们问，所说的究竟是哪个动物，人们就不能指出任何唯一的动物。假定眼前有一条鲸鱼，那么这个句子对它依然没有断定任何东西。若是不加上"它是一条鲸鱼"这个句子，就不能从上面那个句子推论出，眼前这个动物是一个哺乳动物。因为这个句子不包含任何与此有关的东西。实际上，若是不以任何方式表示或称谓一个对象，就不可能谈论它。但是"鲸鱼"这个词并不称谓任何个别动物。如果人们回答说，这里说的绝不是一个个别的确定的对象，而可能是一个不确定的对象，那么我就认为，"不确定的对象"不过是"概念"的另一个表达，而且是一个很差的、充满矛盾的表达。尽管只有通过观察个别的动物才能证实我们这个句子，但是这对于它的内容不证明任何东西。它论及什么，这个问题是不是真的，或者说，我们出于什么理由把它看作真的，都是无所谓的。这里如果概念是某种客观的东西，那么关于它的表达也就可以包含某种事实的东西。

　　§48. 前面在几个例子中形成一种假象：不同的数属于同一个事物。应该这样解释这种假象；那里是把一些对象当作数的承载

者。只要我们指定真正的承载者,即概念的合法地位,就会表明数是相互排斥的,如同颜色在其范围相互排斥一样。

现在我们还看到,人们是如何想通过事物的抽象来获得数的。由此得到的是概念,然后在这概念上发现了数。因此实际上抽象常常出现在构造一个有关数的判断之前。这是一种混淆,就好像人们想说:用桁架加木板墙和谷草顶建造一座住宅,而且烟囱不密封,这样就得到易燃危险性这个概念。

概念的聚集力远远胜过综合统觉的结合力。以这种结合力不可能把德国的臣民结合成为一个整体;但是人们肯定可以使德国的臣民处于"德国臣民"这个概念之下并且计数他们。

现在,数的广泛可应用性也变得可以解释了。无论是对于外在现象还是对于内在现象,无论是对于时空的东西还是对于非时空的东西,如何能够作出相同的判定,实际上是莫明其妙的。这种情况在给出数时也绝不出现。数被赋予的仅仅是那些把外在和内在的东西、时空和非时空的东西置于其下的概念。

§49.我们在斯宾诺莎的著作中发现了对我们这个观点的一个证明。他说[①]:"我回答说:仅考虑到一事物的存在,而不考虑它的本质,就把它称为一或单一的;因为只有把事物归于共同的尺度下之后我们才能借助于数想到事物。例如,一个人手里拿着一枚古罗马时代的银币和一枚帝俄时代的金币,如果他不能给予这枚古罗马时代的银币和这枚帝俄时代的金币相同的名字,即硬币或钱币,他就不会想到二这个数。如果他能给它们以相同的名字,即

---

①　鲍曼:《论时间、空间和数学》,第1卷,第169页。

硬币或钱币,他就可以肯定他有两枚硬币或钱币;因为他用钱币这个名字不仅表示这枚古罗马时代的银币,也表示这枚帝俄时代的金币。"当他继续说"由此可以看出,把一个事物称为一或单一的,必须首先要想到另一个与它(正像所说的那样)一致的事物"时,当他认为人们不能在真正的意义上把上帝叫作一或单一的(因为我们对于它的本质不能建立任何抽象的概念)时,他错误地以为,只有通过直接对许多事物进行抽象才能获得概念。正相反,人们从一些标记出发也可以达到概念;而在这种情况,就可能没有任何东西在概念下。如果不出现这种情况,就绝不能否定存在,因而对存在的肯定也会失去其内容。

§50.施罗德[①]强调说,如果能够谈论一事物的频繁性,那么这事物的名字必然总是一个属名,一个普遍的概念词(notio communis);"只要人们完整地考虑一个对象——包括所有它的性质和关系,那么这个对象就会是世界上唯一的,再不会有与它相同的东西。这个对象的名字后来将带有一个专名(nomen proprium)的特征,而且这个对象不能被看作是重复出现的。但这不是仅适合于具体的对象,而是普遍地适合每个事物,尽管其表象也是通过抽象而形成的,假如只有这种表象包含着足以使有关事物成为一个完全确定事物的因素……。后者"(成为被计数的对象)"对于一事物只有在以下范围才是可能的:人们不考虑或者抽象掉它的一些使自身与所有其他事物相区别的特有特征和关系,通过这样一种方法,这个事物的名字才成为一个可应用于许多事物的概念。"

---

① 《算术和代数课本》,第6页。

§51.在这段说明中,正确的东西被似是而非和使人误入歧途的表达掩盖起来,因此需要进行清理和筛选。首先,把一个普遍的概念词叫作一事物的名字是不合适的。由此形成一种假象,好像数是一事物的性质。一个普遍的概念词恰恰表达一个概念。只有带定冠词或指示代词,它才能被看作是一事物的专名,但是因而它再不能被看作概念词。一事物的名字是一个专名。一个对象不会重复出现,而是许多对象处于一个概念之下。一个概念不是仅通过对处于它之下的事物的抽象而获得的,在批评斯宾诺莎时就已经说明了这一点。这里我要补充说,一个概念不会由于以下原因而不再是概念:处于它之下的只有唯一一个事物,因而这个事物完全是由它确定的。1 这个数恰恰属于一个这样的概念(譬如地球的伴星),它与 2 和 3 是同样意义上的数。对于一个概念人们总是要问,是否有某种东西处于它之下,可能是什么东西处于它之下。对于专名,这样的问题是毫无意义的。人们不应该受到这样的欺骗:语言把一个专名,譬如 Mond,作为一个概念词使用,以及反过来,将一个概念词作为专名使用*;尽管如此,区别依然存在。只要一个词在使用时带不定冠词或以复数形式不带冠词,它就是概念词。

§52.在德语语言使用中可以发现对把数赋予概念这种看法的进一步证明,人们说十人(zehn Mann),四马克(vier Mark),三桶(酒)(drei Fass)。这里,单数的用法可能是表明,考虑的是概

---

* 德文"Mond"不加定冠词,意为"卫星",加上定冠词"der Mond",意为"月亮"。——译者

念,不是事物。这种表达方式的优越性,尤其在 0 这个数表现出来。可是在其他地方,语言把数赋予对象,而不赋予概念:人们说"包数",就像人们说"包重"一样。因此人们表面上在谈论对象,而实际上是想断定一个概念的某种东西。这种语言用法令人产生误解。"四(匹)纯种马"这个表达给人一种假象,好像正如"纯种"进一步确定了"马"这个概念一样,"四(匹)"进一步确定了"纯种马"这个概念。然而只有"纯种"是一个这样的标志;我们通过"四(匹)"这个词断定了一个概念的某种东西。

§53. 我当然不是把由一个概念断定的性质理解为构成概念的标志。这些标志是处于概念之下的事物的性质,而不是概念的性质。因此"直角的"不是"直角三角形"这个概念的性质;但是,"不存在直角的、直线的、等边的三角形"这个句子表达了"直角的、直线的、等边的三角形"这个概念的一种性质;零这个数被赋予这个概念。

在这一方面,存在与数有相似性。确实对存在的肯定不过是对零这个数的否定。因为存在是概念的性质,所以对上帝存在的本体论证明没有达到它的目的。但是,存在不是"上帝"这个概念的特征,唯一性也同样不是"上帝"这个概念的特征。唯一性不能用来定义这个概念,正像人们在盖房子时也不能把房子的坚固性、宽敞性、居住性和石头、灰浆、方木料一起使用。然而,人们不能从某种东西是一个概念的性质普遍地推论出;从这个概念,即从它的标记无法得出这种东西。在有些情况下这是可能的,正像有时可以从建筑石料的种类推论一座建筑物的耐用性一样。因此,若是声称绝不能从一个概念的标记推论出唯一性或存在,则会有些过分；只是这绝不能像人们把一个概念的标记作为一种性质赋予一个处于其下的对象那样直接完成。

否认存在和唯一性曾经可以是概念的标记，这也是错误的。只不过它们不是人们想依照语言赋予这些性质的那些概念的标记。例如，如果把所有其下只有一个对象的概念汇集在一个概念之下，那么唯一性就是这个概念的标记。例如，"地球卫星"这个概念将处于它之下，而不是所谓的天体将会处于它之下。因此人们能够使一个概念处于一个更高的概念，也可以说是一个二阶概念之下。但是不能把这种关系与下属关系混淆起来。

§54. 现在可以对单位做出令人满意的解释。施罗德在上面提到的他那本教科书第 7 页上说："每个属名或概念都被称为是以给定方式构造起来的数的名称，并且构成其单位的本质。"

实际上，把一个概念称为与属于它的数有关的单位，难道不是最适宜的吗？这样我们就能够为关于单位的这个断定——它脱离周围环境并且是不可分的——赢得一种意义。因为被赋予数的概念一般以明确的方式划清处于其下的东西。"数（Zahl）这个词的字母"这个概念划清了 Z 和 a，划清了 a 和 h，等等。"数这个词的音节"这个概念把这个词当作一个整体并且在下面的意义上当作不可分的东西加以强调：部分不再处于"数这个词的音节"这个概念之下。并非所有概念都具有这种性质。例如，我们可以用各种各样的方法把处于"红"这个概念之下的东西分开，而不使这些部分不再处于它之下。任何有穷数都不属于这样的概念。因此关于单位的分界性和不可分性的句子可以如下表述：

与一个有穷数有关的单位只能是这样一个概念，它把处于它之下的东西明确地分离开,而且不允许任何任意的划分。

但是人们看到,不可分性在这里有一种特殊的意谓。

现在我们很容易回答应该如何化解单位的相等和不可区分性这个问题。这里"单位"这个词是在双重意义上使用的。在上面解释的这个词的意义上,单位是相等的,在"木星有四颗卫星"这个句子中,单位是"木星的卫星"。处于这个概念之下的,不仅有 I,也有 II,也有 III,还有 IV。因而人们可以说:I 与之相关的单位和 II 与之相关的单位是相等的,如此等等。这里我们得到相等。但是如果人们断定单位的不可区分性,那么人们以此是意谓被计数事物的不可区分性。

IV. 数这个概念

每个个别的数都是一个独立的对象

§ 55. 在我们认识到数的给出包含着对一个概念的陈述之后，我们可以尝试以 0 的定义和 1 的定义来补充莱布尼兹对个别数的定义。

人们很容易解释说：如果没有对象处于一个概念之下，那么 0 这个数就属于这个概念。但是这里似乎是具有相同意谓的"没有"替代了 0；因此下面的说法更好一些：无论 a 是什么，如果 a 不处于一个概念之下这个句子是普遍有效的，那么 0 这个数就属于这个概念。

人们能够以类似的方式说：无论 a 是什么，如果 a 不处于一个概念之下这个句子不是普遍有效的，并且如果从

　　"a 处于 F 之下"和"b 处于 F 之下"

这两个句子普遍地得出 a 和 b 相同，那么 1 这个数就属于 F 这个概念。

现在还需要普遍地解释从一个数到后继数的过渡。我们试图作如下表述：如果存在一个对象 a，它处于概念 F 之下并且具有这样的性质，使得 n 这个数属于"处于 F 之下，但不是 a"这个概念，那么 (n+1) 这个数就属于 F 这个概念。

§ 56. 根据我们至此得出的结果，这些解释显得极其随意，因

而需要说明为什么它们不能令我们满意。

最后一个定义最容易引起怀疑,因为严格地说,在我们看来,"n 这个数属于 G 这个概念"这个表达式的意义就像"(n+1)这个数属于 F 这个概念"这个表达式的意义一样是未知的。尽管我们能够借助这两个解释说明

　　　"1+1 这个数属于 F 这个概念"

意谓什么,然后我们利用这一点说明

　　　"1+1+1 这个数属于 F 这个概念"

这个表达式的意义,等等;但是我们绝不能——为了给出一个极端的例子——通过我们的定义来判定,凯撒大帝这个数是否属于一个概念,这位著名的高卢征服者是不是一个数。此外,借助我们尝试的解释我们不能证明,如果 a 这个数属于 F 这个概念,而且如果 b 这个数也属于这个概念,那么必然 a=b。因此,"属于 F 这个概念的这个数"这个表达式不会被证明是正确的,由此也根本不能证明数的相等,因为我们根本不能把握一个确定的数。我们已经解释了 0、1,这只是假象;实际上我们只确定了

　　　"0 这个数属于"

　　　"1 这个数属于"

这些谈论方式的意义;但是不允许在这里把 0、1 作为独立的、可重认的对象进行区别。

　　§57. 现在应该更清楚地考虑"数的给出包含着对一个概念的表述"这个表达式的涵义。在"0 这个数属于 F 这个概念"这个句子中,如果我们把 F 这个概念看作实实在在的主词,那么 0 只是谓词的一部分。因此我避免把像 0、1、2 这样的数叫作概念的性

质。恰恰由于个别的数只构成表述的一部分，因而它们表现为独立的对象。我在上文已提请人们注意，人们说"1 这个数"并由定冠词把 1 表达成对象。这种独立性在算术中比比皆是，例如在 1＋1＝2 这个算式中。在我们看来，这里重要的是应该像在科学中可以应用的那样把握数概念，因此，我们不应受到数在日常语言使用中也表现为定语这一现象的妨碍。这总是可以避免的。例如，人们可以把"木星有四颗卫星"这个句子转化为"木星的卫星数是四"。这里不能把"是"看作像"天是蓝的"这个句子中那样的纯粹连词。这是因为人们可以说："木星的卫星数是四"或"是 4 这个数"。这里，"是"具有"是与……相等的"、"是与……同一的"的意义。因此我们有一个算式，它断定"木星的卫星数"这一表达式与"四"这个词表示相同的对象。而且这种等式形式是算术中的主要形式。"四"这个词不包含任何关于木星或卫星的东西，这一点与上面的观点并不相悖。甚至"哥伦布"这个名字中也没有任何关于发现或美洲的东西，尽管如此，这同一个人仍被叫作哥伦布和美洲的发现者。

§58. 人们可能会反对说，我们根本不能像形成某种独立事物的表象一样形成关于我们称之为四或木星的卫星数这样的对象的表象。[①] 但是这不应归咎于我们给予数的这种独立性。尽管人们很容易相信，在一个骰子的四点这一表象中出现某种与"四"这个词相应的东西；但这是一种假象。人们考虑一片绿色的草坪（eine grüne Wiese），并尝试用"一"（Ein）这个数词替代这个不定冠词，看表象是否发生变化。这并不增加任何东西，而表象中确实有某

---

① 这是在某种形象的东西的意义上的表象。

种与"绿色的"这个词相应的东西。当人们想象"Gold"（"金子"）这个印刷出来的词时，人们首先想到的并不是数。如果人们现在考虑这个词由几个字母组成，那么就产生 4 这个数；但是这个表象由此并没有变得更明确，而是可以完全没有变化。"'Gold'（金子）这个词的字母"这个附加概念正是我们发现数的地方。在一个骰子的四点这种情况，问题有些隐蔽，因为这个概念通过点的相似性直接强加给我们，以致我们几乎注意不到它在这中间出现。数既不能被想象为独立的对象，也不能被想象为外在事物的性质，因为数既不是某种可感觉的东西，也不是外在事物的性质。也许在 0 这个数上问题最清楚。企图想象 0 个可见的星星，将是徒劳的。尽管人们可以考虑布满云层的天空，但是这里没有任何与"星星"这个词或 0 相应的东西。人们仅仅想象了一种事态，它能够引起下面这个判断：现在任何星星也看不见。

§59. 也许每个词都能唤起我们的某一种表象，甚至像"仅仅"这样一个词也能唤起我们的某种表象；但是这种表象不必相应于这个词的内涵；它在别人那里可以是完全不同的。因此人们大概会想象这样一种事态，它要求一个含有这个词的句子；或者可能出现这样的情况，说出的词使人们记忆起写下的词。

这不仅发生在冠词的情况。我们没有关于我们与太阳距离的表象，大概是毫无疑问的。因为，即使我们知道必须把一把量尺复制多少次的规则，依据这一规则为我们勾画一副蓝图的任何努力依然是徒劳的，哪怕这蓝图只是有些接近我们企望的东西。但是，这并没有理由令人怀疑发现这一距离所依据的计算的正确性，也绝不会阻碍我们基于这一距离的存在作出进一步推论。

§60. 甚至像地球这样一个十分具体的东西,我们也不能形成一种如同我们已经知道的实际那样的表象;相反,我们满足于一个大小适中的球体,我们把它看作是地球的标志;但是我们知道,这个球体与地球极不相同。这样,尽管常常根本不出现我们关于我们企望的东西的表象,可是我们仍然极其肯定地对一个像地球这样的对象作出判断,即使所考虑的是地球体积。

通过思维我们甚至常常超出可以形成表象的东西之外,而不因此失去我们推论的基础。对于我们人类来说,没有表象,思维似乎就是不可能的,即使如此,表象和被思考的东西的联系可以是完全表面的,任意的和习惯的。

因此,对一个词的内涵无法形成表象,并不是否定一个词的意谓或排除这个词的使用的理由。这种对立的现象大概是这样形成的:我们个别地考虑语词,询问它们的意谓,然后我们把一个表象看作它们的意谓。因此对于一个词我们内心若是没有一个相应的图像,这个词似乎就没有内涵。但是人们必须总是考虑完整的句子。实际上只有在完整的句子中词才有意谓。这时我们的头脑中可能出现的一些内在图像不必相应于判断中的逻辑成分。如果句子作为整体有一个意义,就足够了;这样句子的诸部分也就得到它们的内涵。

我觉得,这一认识有益于揭示许多困难的概念,譬如无穷小这个概念,[①]它的影响可能不限于数学领域。

----

① 这里的问题主要在于定义一个像

$$df(x)=g(x)dx$$

这样的方程式的意义,而不在于指明一个由两个不同点界定的长度为 dx 的线段。

　　我要求的数的那种独立性不应该意谓数词脱离句子联系而表示某种东西。相反,我仅仅是要以此排除把数词用作谓词或定语,因为这样的用法会多少改变它的意谓。

　　§61.但是,人们也许会反对说,即使地球实际上是不可想象的,它依然是一个外在事物,有一个确定的位置;但是 4 这个数在哪里呢? 它既不在我们之外,也不在我们之内。这在空间的意义上理解是正确的。确定 4 这个数的空间规定是没有意义的;但是由此只得出它不是一个空间对象,却得不出它根本就不是一个对象。并非每个对象都存在于某个地方。即使我们的表象①在这种意义上也不在我们的内在部分(皮下)。我们的内在部分是神经节细胞、血细胞等诸如此类之物,而不是表象。空间谓词不能应用于表象:一个表象既不在另一个表象的左边,也不在它的右边;表象相互之间没有可以用毫米标出的距离。如果尽管如此我们仍然要说表象在我们的内在部分,那么我们是想以此把它们表示成主观的东西。

　　但是即使主观的东西没有位置,可 4 这个客观的数怎么会不在任何地方呢? 现在我要说,这里根本没有矛盾。对于每个和 4 这个数打交道的人来说,4 实际都是完全一样的;但是这与空间性没有任何关系。并非每个客观的对象都有一个空间位置。

为了获得数这个概念,必须确定数相等的意义

　　§62.如果我们不能有关于数的表象或直觉,我们怎么才能得

---

　　①　这个词的理解纯粹是心理学的,而不是生理学的。

到一个数呢？语词只有在句子联系中才意谓某种东西。因此重要的是说明含有一个数词的句子的意义。暂时这仍然有很大的任意性。但是我们已经确定，应该把数词理解为独立的对象。以此我们得到一类必然有意义的句子，即表达出重认的句子。如果我们认为 a 这个符号应该表示一个对象，那么我们必须有一个记号；它使我们到处都可以判定，b 是不是与 a 相同，即使我们并非总能应用这个记号。在目前的情况下，我们必须解释

　　　"属于 F 这个概念的这个数，与属于 G 这个概念

　　　的那个数相同"

这个句子的意义；就是说，我们必须以另一种方式复述这个句子的内容，同时不使用

　　　"属于 F 这个概念的这个数"

这个表达式。以此我们给出一种表示数相等的普遍记号。在我们这样获得一种把握一个确定的数和重新认出它是相同的数的手段之后，我们就能够把一个数词给予这个数作为它的专名。

　　§63. 休谟就已经提到这样一种手段：[①]"如果两个数以某种方式结合起来，使得一个数总有一个单位，这个单位相应于另一个数的每个单位，我们就说它们是相等的。"数的相等必须借助一一对应来定义，这种观点近年来似乎普遍为数学家们所接受。[②] 但

---

　　① 鲍曼：《论时间、空间和数学》，第 2 卷，第 565 页。

　　② 参见施罗德，《算术和代数课本》，第 7、8 页。科萨克：《算术基础》(*Die Elemente der Arithmetik*, *Programm des Friedrichs-Werder'schen Gymnasiums*, Berlin, 1872, S.16)。康托尔：《一种普遍多样性学说的基础》(*Grundlagen einer allgemeinen Mannichfaltigkeitslehre*, Leipzig, 1883, S.3)。

是这首先产生一些逻辑方面的疑问和困难,我们不能不加检验地
放过这些疑问和困难。

　　相等关系不仅仅在数中出现。由此似乎得出,不应该把它解
释为专属于数的情况。人们可能认为,相等这个概念先已确定,这
样不需要再加上一个专门的定义,就能从相等和数概念必然得出:
什么时候数是彼此相等的。

　　针对这一点应该注意,对我们来说,数这个概念尚不确定,只
有经过我们的解释才能成为确定的。我们的目的是构造一种判断
的内容,这种判断可以被看作这样一个等式,它的每一边都是一个
数。因此我们不想专为这种情况解释相等,而想用已知的这个相
等概念获得被看作是相等的东西。当然,看上去这是一种非常奇
特的定义,大概还没有得到逻辑学家足够的重视;但是一些例子可
以说明,这不是前所未闻的。

　　§64. "线 a 与线 b 平行"这个判断用符号表示:

$$a/\!/b,$$

可以被看作等式。如果我们这样做,我们就得到方向的概念,我们
说:"线 a 的方向与线 b 的方向相等。"因此,我们把第一个判断的
特殊的内容分派到 a 和 b 上,由此用"="这个更普遍的符号取代
了"/∥"这个符号。我们以与原初方式不同的方式分解了内容,并
且由此得到一个新概念。当然,人们对这个问题的看法常常与此
相反,许多教师定义说:平行线是具有相同方向的线。在这种情况
下,"如果两条直线与第三条直线平行,它们就相互平行"这个句子
就能够诉诸类似表达的相等句子轻易得到证明。只可惜,这样做
歪曲了事实真相! 因为所有几何的东西最初必然是直观的。现在

我问,某人是否有关于一条直线的方向的直觉。一定是关于直线的!但是在关于这条直线的直觉中还要区别出直线的方向吗?很难!只有通过一种紧接着直觉发生的心灵活动才会发现这个概念。另一方面,人们有关于平行线的表象。只有以一种不正当的方式,即通过使用"方向"这个词来假设欲证的东西,才能形成上述那种证明;因为如果"如果两条直线与第三条直线平行,它们就相互平行"这个句子是不正确的,就不能把 a//b 转变为一个等式。

以这种方式从平面的平行可以得到一个与直线情况中方向的概念相应的概念。我见过用"位置"这个名字表示它。形状这个概念来自几何相似性,譬如,人们不说"这两个三角形是相似的",而说:"这两个三角形具有相同形状"或"其中一个三角形的形状与另一个三角形的形状是相等的。"以这种方式人们也可以从几何图形的共线关系得到一个大概还没有名字的概念。

§65. 现在,为了譬如从平行[①]达到方向这一概念,我们尝试下面的定义:

"线 a 与线 b 平行"

这个句子与

"线 a 的方向与线 b 的方向相等"的意谓相同。

这一解释偏离了人们习惯的情况,因为它表面上是确定了这种已知的相等关系,而实际上却是要引入"线 a 的方向"这个只是附带出现的表达。由此产生了第二种疑问,我们由于这样一条规

---

① 为了使我的表达能够更方便,更容易得到理解,我在这里谈论平行。这一讨论中至关重要的东西将可以很容易地回到数相等的情况。

定会不会与著名的同一律发生矛盾。哪些是同一律呢？作为分析的真命题，它们能够从概念本身产生出来。而莱布尼兹①是这样定义的：

> "Eedem sunt,quorum unum potest substitui alteri salva veritate".（"能够用一个事物替代另一个事物而不改变真,这样的事物就是相同的"。）

我借用这一解释表示相等。人们是否像莱布尼兹那样说"相同的"或说"相等的"，这无关紧要。尽管"相同的"似乎表达一种完全的一致，而"相等的"只表达在这方面或那方面的一致；但是人们可以采取一种消除这种区别的谈论方式，例如，人们不说"这些线段在长度上相等"，而说"这些线段的长度是相等的"或"相同的"，不说"这些平面在颜色上相等"，而说"这些平面的颜色是相等的"。而且我们在上面那些例子中就是这样使用这个词的。现在，在普遍可替代性中实际上包含着所有同一律。

　　为了证明我们尝试的直线方向的定义是正确的，我们就必须表明，如果直线 a 与直线 b 是平行的，就能够处处以

　　　　b 的方向

替代

　　　　a 的方向。

这可以简化，因为关于一条直线的方向，人们最初只知道这样一个命题：它与另一条直线的方向一致。因此我们只需要在这样一种

---

　　①　Nou inelegans specimen demonstrandi in abstractis(Erdm.S.94)。

相等的情况下,或在将会含有这样的相等作为构成因素^①的内容的情况下证明可替代性。关于方向的所有其他命题都必须首先得到解释,而且对于这些定义我们可以规定:必须保证可以用一条直线的平行线的方向替代这条直线的方向。

§66.但是,针对我们尝试的定义还产生第三种疑问。在

　　　"a 的这个方向与 b 的这个方向相同"

这个句子中,a 的方向作为对象^②出现:而且我们以我们的定义获得重认这一对象的一种手段,譬如当它可能以另一种面貌作为 b 的方向出现的时候。但是对于所有情况来说,这种手段还不够用。例如,人们根据它不能判定英国与地轴的方向是不是相同的。请原谅用这个看上去荒唐的例子!当然不会有人把英国与地轴的方向混淆起来;但这不是我们解释的功劳。这丝毫也不说明,如果没有以"b 的这个方向"这种形式给定 q 本身,那么应该肯定还是否定

　　　"a 的这个方向与 q 相等"

这个句子。我们缺少方向这个概念;因为如果我们有这个概念,我们就能够规定:如果 q 不是方向,就应该否定这个句子;如果 q 是一个方向,那么前面的解释就要作出判定。这使人们很容易

---

　　① 例如,在一个假言判断中,方向的相等可以作为条件或结果出现。

　　② 定冠词表明这一点。在我看来,概念是一个单称可判断内容的可能的谓词,对象是这种内容的可能的主词。如果我们把

　　　"望远镜轴的方向与地轴的方向相等"

这个句子中望远镜轴的方向看作主词,那么谓词就是"与地轴的方向相等"。这是一个概念。但是地轴的方向只是这个谓词的一部分;它是一个对象,因为它也可以成为主词。

解释说：

> 如果存在一条直线 b,它的方向是 q,那么 q 就是一个方
> 向。

但是现在很清楚,我们在兜圈子。为了能够应用这种解释,我们必
须在任何情况下已经知道,应该肯定还是应该否定

> "q 与 b 的这个方向相等"

这个句子。

§67. 如果人们要说：如果 q 是通过上述定义引入的,q 就是
一个方向,那么人们就会把引入 q 这个对象的方式作为它的性质
来看待,而这种方式却不是它的性质。一个对象的这样一个定义
实际上没有对这个对象作出任何说明,而是规定了一个符号的意
谓,在做到这一点之后,定义转变为一个关于这个对象的判断,但
是现在判断再也不引入这个对象,而且与关于它的其他命题处于
相等的位置。如果人们选择这种出路,人们就会假定,只能以一种
唯一的方式给定一个对象；因为若不这样,从 q 不是通过我们的定
义引入的就得不出：不能以这种方式引入它。这样,所有算式就会
产生这样的结果：以同一种方式给予我们的东西会被看作相同的。
但这是十分自明的和毫无结果的,因而是不足道的。实际上人们
由此得不出任何有别于各个前提的结论。算式可以有多方面的十
分重要的应用,这主要是因为人们能够重认某种东西,尽管它们是
以不同方式给出的。

§68. 由于我们以这样的方式无法得到明确限定的方向概念,
并且由于相同的原因无法得到这样的数概念,因而我们尝试另一
种方法。如果 a 这条线与 b 这条线相等,那么"与 a 这条线平行的

线"这个概念的外延就与"与 b 这条线平行的线"这个概念的外延相等;反之,如果所述这两个概念的外延相等,那么 a 与 b 平行。因而让我们尝试着解释如下:

> a 这条线的这个方向是"与 a 这条线平行"这个概念的外延;
>
> d 这个三角形的这种形状是"与 d 这个三角形相似"这个概念的外延!

如果我们想把这应用到我们说的情况,我们就必须以概念替代线或三角形,并且以处于一个概念之下的对象与处于另一个概念之下的对象之间一一对应的可能性替代平行或相似性。如果存在这种可能性,那么为了简便,我将称 F 这个概念与 G 这个概念是等数的(gleichzahlig),但是我必须要求人们把这个词看作一个任意选择的标记方式,不应该从语言构成、而应从这种规定中得出它的意谓。

因此我定义如下:

> 适合 F 这个概念的数是"与 F 这个概念等数的"这个概念的外延。①

§ 69.这种解释是合适的,最初也许不太明显。难道人们在一个概念的外延下不会想到某种不同的东西吗? 从最初关于概念外

---

①　我相信,可以简单地用"概念"来表示"概念的外延"。但是人们会提出两点反对意见:

1.这与我前面的断定——个别的数是对象——相矛盾,因为像"二这个数"这样的表达式中有定冠词;不可能以复数的形式谈论一、二等等,还有数只构成给出数时谓词的一部分。

2.概念可以有相同的外延,而不重合。

尽管我现在认为,可以提出这两种反对意见,但是这可能引导我们远离主题,我假定,人们知道一个概念的外延是什么。

延可以形成的命题可以说明人们在这里想到的是什么。这些命题
如下：

> 1.相等，

> 2.一个比另一个更宽泛。

现在，

> "与 F 这个概念等数的"这个概念的外延与"与 G 这个概
> 念等数的"这个概念的外延相等

这个句子是真的，当且仅当：

> "同一个数既属于 F 这个概念，又属于 G 这个概念"

这个句子也是真的。因而这里是完全一致的。

尽管人们不在一个概念的外延比另一个概念的外延更宽的意
义上说一个数比另一个数更宽，但是也绝不会出现

> "与 F 这个概念等数的"这个概念的外延

比

> "与 G 这个概念等数的"这个概念的外延

更宽的情况；相反，如果所有与 G 这个概念等数的概念也是与 F
这个概念等数的，那么反之，所有与 F 这个概念等数的概念也是
与 G 这个概念等数的。这种"更宽的"，自然不能与在数的情况出
现的"大于"混淆起来。

当然以下这种情况也是可以想象的："与 F 这个概念等数的"
这个概念的外延比另一个概念的外延更宽或更窄，这样，根据我们
的解释，后一个概念的外延就不能是数；而且人们很少说一个数比
一个概念的外延更宽或更窄；但是如果真出现这样的情况，对采纳
这样一种谈论方式也不会有任何妨碍。

对我们这个定义的补充和证明

§70.定义由于富有成果而被证明是有效的。一些定义可以被完全省略,同时不给证明过程造成任何缺陷,应该把这样的定义作为完全无价值的予以抛弃。

因此让我们尝试一下,从我们对属于 F 这个概念的数的解释是不是能够推出数的已知性质。这里我们将满足于最简单的性质。

为此还必须更确切地把握等数性。前面我们借助相互一一对应解释它,现在应该说明我想如何理解这个表达,因为人们从中可能很容易猜测某种直观的东西。

让我们考虑下面的例子。如果一个饭店服务员想确信他在桌子上摆放的餐刀恰好与盘子一样多,那么他既不必数餐刀,也不必数盘子,他只要在每一个盘子的右边摆放一把餐刀,使得桌子上每一把餐刀都在一个盘子的右边。这样,盘子和餐刀就是相互一一对应的,而且这是通过相同的位置关系。如果我们在

　　　　"a 放在 A 的右边"

这个句子中,考虑用不同的对象代入 a 和 A,那么这里保持不变的内容部分就构成这种关系的本质。让我们概括和推广这一点。

当我们从涉及一个对象 a 和一个对象 b 的可判断内容把 a 和 b 分离出来时,我们就剩下一个关系概念,因而它需要以双重方式补充。如果我们在

　　　　"地球比月亮大"

这个句子中分离出"地球",我们就得到"比月亮大"这个概念。反

之,如果我们分离出"月亮"这个概念,我们就获得"小于地球的"这个概念。如果我们同时把"地球"和"月亮"都分离出去,则还剩下关系概念,这个概念本身就像一个简单概念那样没有意义:它总是需要得到补充才能成为可判断的内容。但是可以用不同的方式进行补充:例如,我可以不代入地球和月亮,而代入太阳和地球,而且由此同样产生出这种分离。

每对个别对应的对象——人们可以说成是主词——与关系概念之间的关系,类似于个别对象与它处于其下的那个概念之间的关系。这里主词是复合构成的。有时候,当关系是可逆的,这在语言上也表达出来,譬如在下面这个句子:"帕鲁斯和泰蒂丝是阿齐利斯的父母。"①有些情况与此相反。例如,不大可能以这样的方式重新表述"地球比月亮大"这个句子的内容,使"地球和月亮"表现为复合构成的主词,因为"和"这个词总是指示某种相等位置。但是这不影响实质问题。

因此,关系概念同简单概念一样,属于纯逻辑。这里考虑的不是关系的特殊内容,而仅谈逻辑形式。而且关于这种逻辑形式可以谈论的是:它的真是分析的,并被看作先验的。这适合于其他概念,同样适合于关系概念。

正像

"a 处于 F 这个概念之下"

是一个涉及一个对象 a 的可判断内容的普遍形式一样,也可以把

---

① 这里不应该与下面的情况相混淆,即"和"只是表面上联结主词,实际上却联结两个句子。

"a 与 b 有 φ 关系"

看作一个涉及对象 a 和涉及对象 b 的可判断内容的普遍形式。

§ 71. 如果现在每个处于 F 这个概念之下的对象都与一个处于 G 这个概念之下的对象有 φ 这种关系, 而且如果一个处于 F 之下的对象与处于 G 这个概念之下的每个对象有 φ 关系, 那么处于 F 和 G 下的对象就通过 φ 关系相互对应起来。

人们还可以问, 如果 F 这个概念之下根本没有对象, 那么

"每个处于 F 之下的对象都与一个处于 G 之下的对象有 φ 这种关系"

这个表达意谓什么。我把它理解为: 无论 a 表示什么,

"a 处于 F 之下"

和

"a 与处于 G 之下的任何对象都没有 φ 这种关系"

这两个句子不能并存, 因而要么前一个句子是假的, 要么后一个句子是假的, 要么两个句子都是假的。由此可知, 如果不存在处于 F 之下的对象, 那么"每个处于 F 之下的对象与一个处于 G 之下的对象都有 φ 这种关系", 因为在这种条件下, 无论 a 可能是什么, 总能够否定第一个句子

"a 处于 F 之下"。

同样,

"一个处于 F 之下的对象与每个处于 G 之下的对象有 φ 这种关系"

这个句子意谓: 无论 a 可能是什么,

"a 处于 G 之下"

和

　　"任何处于 F 之下的对象都与 a 没有 φ 这种关系"

不能并存。

　　§72. 现在我们已经看到,处于 F 和 G 这两个概念之下的对象什么时候通过 φ 这种关系相互对应。但是在我们这里,这种对应应该是相互一一对应。我的理解是,这说明下面两个句子郁是有效的:

　　1. 如果 d 与 a 有 φ 这种关系,并且如果 d 与 e 有 φ 这种关系,那么一般来说,无论 d、a 和 e 可能是什么,a 与 e 相同。

　　2. 如果 d 与 a 有 φ 这种关系,并且如果 b 与 a 有 φ 这种关系,那么一般来说,无论 d、b 和 a 可能是什么,d 与 b 相同。

　　以此我们把相互一一对应的关系化归为纯逻辑关系。现在我们可以如下定义:

　　　　"F 这个概念与 G 这个概念是等数的"

这个表达与

　　　　"存在一种关系 φ,它使处于 F 这个概念之下的对象与处于 G 之下的对象相互一一对应"

这个表达具有相同的意谓。

　　我重复说一遍:

　　　　属于 F 这个概念的数是"与 F 这个概念等数的"这个概念的外延,

我还要补充说:

　　　　"n 是一个数"

这个表达与

　　　　"存在一个这样的概念,n 是属于它的这个数"

这个表达具有相同的意谓。

　　以这种方式数这个概念得到解释,当然表面上是通过它自身得到解释的,但是实际上却没有错误,因为"属于 F 这个概念的这个数"已经得到解释。

　　§73. 现在我们想首先说明,如果 F 这个概念是与 G 这个概念等数的,那么属于 F 这个概念的数就与属于 G 这个概念的数相等。当然,听上去这像是同语反复,但实际上不是,因为"等数的"这个词的意谓不是从这种复合构成得出的,而是从上面给定的解释得出的。

　　根据我们的定义应该表明,如果 F 这个概念与 G 这个概念是等数的,那么"与 F 这个概念等数的"这个概念的外延与"与 G 这个概念等数的"这个概念的外延相同。换句话说,必须证明,在这一前提下,

　　　　如果 H 这个概念是与 F 这个概念等数的,那么它与 G
　　　　这个概念也是等数的

和

　　　　如果 H 这个概念是与 G 这个概念等数的,那么它与 F
　　　　这个概念也是等数的

这两个句子是普遍有效的。第一个句子的结果是:如果存在一个关系 φ,它使处于 F 这个概念之下的对象与处于 G 这个概念之下的对象相互一一对应,而且如果存在一个关系 ψ,它使处于 H 这个概念之下的对象与处于 F 这个概念之下的对象相互一一对应,那么就存在一种关系,它使处于 H 这个概念之下的对象与处于 G 这个概念之下的对象相互一一对应。下面的字母排列将更清楚地

表明这一点：

> HψFψG。

实际上可以给出这样一种关系：它在下面这个句子的内容中

> "存在一个对象，c 与它有 ψ 这种关系，而它与 b 有 φ 这
> 种关系"，

如果我们从中把 c 和 b 分离出来（看作关系点）。人们可以表明，这种关系是一种相互一一对应的关系，而且它使处于 H 这个概念之下的对象与处于 G 这个概念之下的对象相对应。

以类似的方式也可以证明另一个句子。[①] 但愿这些说明能够足以使人们认识到，这里我们不必以直觉作任何证明的依据，而且，我们的定义可以有一些用处。

§74. 现在我们可以过渡到对个别的数的解释。

由于在"与自身不相等"这个概念之下没有任何东西，因此我解释说：

> 0 是适合"与自身不相等"这个概念的这个数。

也许人们会提出异议，认为我在这里是谈论一个概念。也许人们会提出反对意见，认为这里包含一个矛盾，而且人们还会想起木质的铁和方形的圆这些老生常谈。我却认为，这些老生常谈根本没有人们说的那么糟糕。尽管它们不会直接有用处，但是它们也不会造成任何危害，只是不要假设一些东西处于它们之下；而且人们还没有由于仅仅使用这些概念就作出这样的假定。一个概念

---

① 反过来也是如此：如果属于 F 这个概念的这个数与属于 G 这个概念的这个数相同，那么 F 这个概念与 G 这个概念就是等数的。

含有矛盾,这并非总是显而易见得不需要进行任何研究;为了进行研究,人们必须首先有这个概念,并且像对其他概念那样对它进行逻辑探讨。从逻辑的观点出发,而且为了证明过程的严格性,人们能够对一个概念提出的全部要求就是它要有鲜明的界限,使得对每个对象来说,它是否处于这个概念之下,都是确定的。而像"与自身不相等"这样包含矛盾的概念却完全满足这种要求。因为人们知道,任何对象都不处于这样一个概念之下。[①]

我是这样使用"概念"一词的:

"a 处于 F 这个概念之下"

是一种可判断的内容的普遍形式,这个内容涉及一个对象 a,并且无论用什么替代 a,这个内容依然是可判断的。而在这种意义下,

"a 处于'与自身不相等'这个概念之下"

与

"a 与自身不相等"

或

"a 不等于 a"

是有相同意谓的。

---

① 由一个概念对处于其下的对象进行定义,则与上述情况完全不同。例如,"这个最大的真分数"这个表达没有内容,因为定冠词要求指向一个确定的对象。而"小于 1 并且任何小于 1 的分数在数量上都不超过它的分数"这个概念却是毫无问题的,而且为了能够证明没有这样的分数,人们甚至需要这个概念,尽管它含有一个矛盾。但是如果人们想通过这个概念确定一个处于它之下的对象,那么无论如何都必须先说明两点:

1.一个对象处于这个概念之下;

2.只有一个唯一的对象处于这个概念之下。

由于这其中的第一个句子已经是假的,因而"这个最大的真分数"这个概念是无意义的。

　　我本可以用没有东西处于其下的别的任何概念来定义 0,但
是对我来说,重要的是选择这样一个概念,关于它能够用纯逻辑方
法证明这一点;而"与自身不相等"这个概念最适合这一目的,这
里,我赞同前面引用的莱布尼兹对"相等的"的纯逻辑的解释。

　　§75. 现在,必须能够借助前面的规定证明,每一个没有东西
处于其下的概念与其他每一个没有东西处于其下的概念是等数
的,并且仅与这样一个概念是等数的,由此得出,0 是属于这样一
个概念的数,而且如果属于一个概念的数是 0,那么就没有对象处
于这个概念之下。

　　如果我们假定,一个对象既不处于 F 这个概念之下,也不处
于 G 这个概念之下,那么为了证明等数性,我们必须有一种关系
φ,对这种关系 φ 来说,下面的句子是有效的:

　　　　每个处于 F 之下的对象与一个处于 G 之下的对象有 φ
　　　　这种关系;一个处于 F 之下的对象与每个处于 G 之下的
　　　　对象有 φ 这种关系。

　　根据前面关于这些表达式的意谓的论述可以看出,根据我们
这些假定,每个关系都满足这些条件,因而相等也满足这些条件,
此外相等还是相互一一对应的;因为它对于上面为此提出的两个
要求都是有效的。

　　相反,如果一个对象,譬如 a,处于 G 之下,而没有任何对象处
于 F 之下,那么

　　　　"a 处于 G 之下"

和

　　　　"任何处于 F 之下的对象与 a 都没有 φ 这种关系"

这两个句子对各个 φ 关系共同成立；因为第一个句子依据第一个
假定是正确的，第二个句子根据第二个假定是正确的。就是说，如
果不存在任何处于 F 之下的对象，那么也就没有任何与 a 有任何
关系的对象。因而就没有下面的关系，根据我们的解释，这种关系
使处于 F 之下的对象与处于 G 之下的对象相对应，因此 F 这个概
念和 G 这个概念不是等数的。

§76.现在我要解释自然数序列中每两个相邻项的相互关系。
假定

> "存在一个概念 F 和处于它之下的这样一个对象 x，使得
> 属于 F 这个概念的数是 n，而属于'处于 F 之下但不等于
> x'这个概念的数是 m"

这个句子与

> "n 在自然数序列中紧跟 m"

这个句子具有相同的意谓。

我避免用"n 是跟在 m 后面的这个数"这个表达，因为为了证
明这个定冠词的合理性，必须先证明两个句子。[①] 出于同样的原
因，我在这里尚不说"n＝m＋1"；因为通过等号，(m＋1)也被表示
成为对象。

§77.现在，为了达到 1 这个数，我们必须首先表明，存在某种
东西，它在自然数序列中紧跟着 0。

让我们考虑下面这个概念——或者，如果人们愿意的话，让我
们考虑下面这个谓词——"与 0 相等"。0 处于这个概念之下。却

---

① 见第 94 页的注释。

没有对象处于"与 0 相等但不与 0 相等"这个概念之下,因而 0 是属于这个概念的数。据此我们就有一个概念"与 0 相等"和一个处于它之下的对象 0,对于它们来说,下面的句子是有效的:

属于"与 0 相等"这个概念的这个数与属于"与 0 相等"这个概念的这个数相等;

属于"与 0 相等但不与 0 相等"这个概念的这个数是 0。

因此根据我们的解释,属于"与 0 相等"这个概念的这个数在自然数序列中紧跟 0。

如果我们现在定义:

1 是属于"与 0 相等"这个概念的这个数,

那么我们可以把上一句话表达为:

1 在自然数序列中紧跟 0。

为了 1 的客观合理性,对 1 的定义不假定任何观察的事实,[①]说明这一点也许不是多余的;因为人们很容易混淆下面的情况:为了使我们可以做出这个定义,必须满足一定的主观条件;一些感觉经验促使我们作出这个定义。[②] 感觉经验毕竟可以是合乎实际的,同时推出的句子又不会不再是先验的。例如,这些条件也包含以下的情况:大量优质血液流经大脑——至少据我们所知是这样;但是我们上一个句子的真却不依赖于这种情况;即使不再发生这样的情况,它依然存在;而且即使有一天所有理性动物会同时进入冬眠,这个句子的真也不会随之中断,而是完全不受影响。一个句

---

① 没有普遍性的句子。

② 参见埃德曼:《几何学公理》(*Die Axiome der Geometrie*,S.164)。

子的真恰恰不是这个句子的被思考的东西。

§78.这里我可以得出几个能够借助我们的定义证明的句子。读者将很容易看到如何进行证明。

1.如果 a 在自然数序列中紧跟 0,那么 a＝1。

2.如果 1 是属于一个概念的这个数,那么存在一个对象,它处于这个概念之下。

3.如果 1 是属于一个概念 F 的这个数;如果 x 这个对象处于 F 这个概念之下,并且如果 y 处于 F 这个概念之下,那么 x＝y;即 x 是与 y 相同的。

4.如果一个对象处于一个概念 F 之下,并且,如果从 x 处于 F 这个概念之下并且 y 处于 F 这个概念之下可以普遍地推出 x＝y,那么 1 就是属于 F 这个概念的这个数。

5.通过

"n 在自然数序列中紧跟 m"

这个句子确定的 m 与 n 的这种关系,是一种相互一一对应的关系。

在此还没有说,对每个数都存在另一个数,它在数序列中紧跟前者或者前者在数序列中紧跟它。

6.除 0 以外,每个数在自然数序列中都紧跟一个数。

§79.为了能够证明,对自然数系列的每一个数(n)都有一个数紧跟,人们必须指出一个这后一个数所属于的概念。我们选择

"属于以 n 结束的自然数序列的项"

作为这个概念,首先必须对此进行解释。

首先,我以一种稍有不同的方式重复我在《概念文字》中所综

合的关于一系列推论的定义。

> "如果 x 与之有 φ 关系的每个对象处于 F 这个概念之
> 下,而且如果由 d 处于 F 这个概念之下普遍地得出,无
> 论 d 是什么,d 与之有 φ 关系的每个对象都处于 F 这个
> 概念之下,那么 y 就处于 F 这个概念之下,无论 F 可能
> 表示什么概念"

这个句子与

> "y 在这个 φ 序列中跟着 x"

和

> "x 在这个 φ 序列中在 y 之前"

是意谓相同的。

§80. 对此做几点评述将不是多余的。由于 φ 这种关系可以
是不确定的,因此不能以空间和时间对应的形式来考虑这种序列,
尽管不排除这些情况。

人们也许会以为另一种解释更自然一些,例如:如果从 x 出
发,把注意力总是从一个对象转移到它与之有 φ 关系的另一个对
象上,而且如果以这种方式最终能够达到 y,那就可以说,y 在这个
φ 序列中跟着 x。

这是研究这个问题的一种方式,而不是定义。我们在注意力
游移时是否达到 y,可能取决于主观上各种各样的附加情况,例如
取决于供我们支配的时间,或取决于我们对事物的认识。y 是否
在这个 φ 序列中跟着 x,一般来说与我们的注意力和转移注意力
的条件没有任何关系,这是某种事实的东西,就像一片绿叶反映出
某种光线,无论它现在是不是被我看见并唤起我的感觉,就像一粒

盐在水里是可溶的一样,无论我是不是把它扔到水里并观察这个溶解过程,即使我根本不可能进行这样的尝试,它仍然是可溶的。

通过我的解释,这个问题从主观可能性的领域提高到客观确定性的领域。实际上,从一定的句子得出另一个句子,这是客观的东西,是不依赖于我们的注意力的活动规律的东西,我们得不得出这个结论都无所谓。这里我们有一个标志,凡是在可以提出这个问题的地方,都可以普遍地判定它,即使在个别的情况下,外在的困难阻碍我们不能判定这情况是否合适时,也是如此。对于问题本身,这是无关紧要的。

我们不必总是从头到尾审查从开始项到一个对象之间的所有中间项,以便确定这个对象跟着那个项。例如,如果看到在这个 φ 序列中 b 跟着 a,c 跟着 b,就可以根据我们的解释推论,c 跟着 a,甚至不必知道其中间项。

仅通过对一个序列中后继的这种定义,就可以把 n 到(n+1)这种表面上是数学固有的推理方式化归为普遍的逻辑规律。

§81.如果我们现在有这样一种关系作关系 φ,即通过

"n 在自然数序列中紧跟 m"

这个句子建立起 m 到 n 的关系,我们就不说"φ 序列",而说"自然数序列"。

我进一步定义:

"y 在这个 φ 序列中跟着 x 或者 y 与 x 相同"

这个句子与

"y 隶属以 x 开始的这个 φ 序列"

这个句子和

　　　　"x 隶属以 y 结束的这个 φ 序列"

这个句子是意谓相同的。

　　因此,a 隶属以 n 结束的自然数序列,如果 n 要么在这个自然数序列中跟着 a,要么 n 与 a 相等。①

　　§82. 现在应该表明,(在尚需要得到说明的条件下)属于

　　　　"隶属以 n 结束的自然数序列"

这个概念的这个数,在这个自然数序列中紧跟 n。因此在这种情况下就证明,存在一个在自然数序列中紧跟着 n 的数;这个序列没有最后一个项。这个句子显然是无法用经验方法或归纳法建立起来的。

　　在这里若是给出这个证明本身,就会离题太远。可以仅仅简要提示一下证明过程。应该证明

　　1. 如果 a 在自然数序列中紧跟 d,而且如果对于 d 而言,属于

　　　　"隶属以 d 结束的这个自然数序列"

　　这个概念的这个数在这个自然数序列中紧跟 d,这是有效的,那么对于 a 而言,属于

　　　　"隶属以 a 结束的这个自然数序列"

　　这个概念的这个数,在这个自然数序列中紧跟 a,这也是有效的。

　　其次,应该证明,在刚才论述 d 和 a 的句子中所陈述的东西,对于 0 是有效的,然后应该得出,这对于 n 也是有效的。如果 n 属于

－－－－－－－－－－－－－－－－－－

　　① 如果 n 不是数,那么只有 n 本身隶属以 n 结束的自然数序列。但愿人们不会对这种表达不满。

以 0 开始的这个自然数序列。当必须把关于 d 和关于 a,关于 0 和
关于 n 的那个共同陈述当作概念 F 时,这种推论方式就是我关于

　　　"y 在这个自然数序列中跟着 x"

这个表达式所给出的定义的应用。

　　§83.为了证明上一节 1 这个句子,我们必须表明,a 是属于
"隶属以 a 结束的这个自然数序列但不等于 a"这个概念的数。而
为了表明这一点,又必须证明,这个概念与"隶属以 d 结束的这个
自然数序列"这个概念的外延相等。为此,人们需要下面这个句
子:任何隶属以 0 开始的这个自然数序列的对象在这个自然数序
列中都不能跟着自己。这一点也必须借助我们关于一个序列的后
继的定义证明。[①]

　　由此我们不得不为属于

　　　"隶属以 n 结束的自然数序列"

这个概念的这个数在这个自然数序列中也紧跟着 n 的这个句子补
充一个条件,即 n 隶属以 0 开始的自然数序列。为此通常用一种
更简略的表达方式,我把这种方式解释为:

　　　"n 属于以 0 开始的自然数序列"

这个句子与

　　　"n 是一个有穷数"

----

　　①　施罗德(《算术和代数课本》,第 63 页)似乎把这个句子看作是另一种可想象的
标记方式的结果。这里人们也可以注意到那种影响他对该问题的整个描述的弊病,
即人们不大知道,数是不是一个符号,而且如果它是一个符号,那么什么是这个符号的
意谓,或者这个数是否正是这个符号的意谓。人们规定不同的符号,因而同一个符号
绝不反复出现。由此尚得不出,这些符号也意谓不同的东西。

这个句子是意谓相同的。

于是我们可以把最后这个句子表达如下：在自然数序列中任何有穷数都不跟着自己。

无穷数

§84. 与有穷数相对的是无穷数。属于"有穷数"这个概念的那个数是一个无穷数。譬如，让我们用 ∞_1 来表示它。如果它是一个有穷数，在自然数序列中它就不能跟着自己。但是我们可能表明，∞_1 跟着自己。

在以这种方式解释的无穷数 ∞_1 中，不存在任何神秘或奇异的东西。"属于 F 这个概念的这个数是 ∞_1"不多不少恰恰是说：有一种关系，它使处于 F 这个概念之下的对象与有穷数相互一一对应。根据我们的解释，这是一种完全清楚的和没有歧义的意义；而且这足以证明使用 ∞_1 这个符号的合理性并且保证它有一个意谓。我们无法形成一个关于无穷数的表象，这是完全不重要的，对于有穷数同样是这样。因此 ∞_1 这个数有某种与任何一个有穷数同样确定的东西：毫无疑问可以把它作为相同的东西予以重认，并且可以把它与其他东西区别开来。

§85. 不久以前，康托尔在一篇出色的论文[①]中引入了无穷数。我完全同意他对只能把有穷数看作是现实的这种观点的评价。有穷数不是感官可感觉的和空间的，分数、负数、无理数和复

[①] 《一种普遍多样性学说的基础》(*Grundlagen einer allgemeinen Mannichfal-tigkaitslehre*，Leipzig，1883)。

数也不是；而且，如果人们把对感官起作用的东西或者至少对感官
知觉有影响从而产生或远或近结果的东西叫作现实的，那么这些
数当然都不是现实的。但是，我们甚至根本不需要这些感觉作为
我们定理的证明根据。我们在研究中可以大胆地使用逻辑上没有
任何异议地引入的名称或符号，因而我们的∞₁这个数就像二或
三一样是合理的。

我在这里（正像我相信的那样）与康托尔是一致的，但是我使
用术语与他有所不同。他把我的数叫做"幂"（Mächtigkeit），而他
关于数的概念①却涉及对应。对于有穷数来说，当然有一种不依
赖于序列的性质，而对于无穷大的数来说就不是如此。现在，"数"
这个词和"多少？"这个问题的语言用法不包含对确定对应的提示。
康托尔的数其实是回答这样一个问题："在一个顺序中第多少个项
是最后一个项？"因此我觉得我的术语更符合语言用法。如果人们
扩展一个语词的意谓，人们就必须要注意，尽可能多的普遍句子获
得其有效性，而且有时是非常基础性的作用，就像数的那种独立于
序列的性质一样。我们根本不必进行任何扩展，因为我们关于数
概念也直接包括无穷数。

§86.康托尔为了得到无穷数，引入了"一个顺序中的后继"这
个关系概念，这个概念与我的"一个序列中的后继"这个概念不同。
例如，根据他的观点，如果把有穷的正整数进行排列，使得奇数在
其自然数序列中一个跟着另一个，而且偶数也是一个跟着另一个，

---

①　看上去，这个表达可能与前面提出的概念的客观性相矛盾；但是在这里只有称
谓是主观的。

并且还要规定，每一个偶数要跟着每个奇数，那么就会形成一个顺序。在这个顺序中，例如，0 会跟在 13 后面。但是任何数都不会直接出现在 0 前面。这正是一种在我定义的序列的后继中不能出现的情况。人们可以不利用直觉公理而严格证明，如果 y 在 φ 序列中跟着 x，那么就存在一个对象，它在这个序列中直接出现在 y 前面。我觉得现在依然缺少对顺序中的后继和康托尔的数的精确定义。这样康托尔求助某种神秘的"内在直觉"，而这里本来应该努力并且也许可以从定义出发进行证明。因为我相信可以预见那些概念是如何能够得到确定的。无论如何，我并不想通过这些评述对它们的合理性和富有成果性提出任何批评。相反，我赞同在这种研究中对于科学的扩展，尤其是因为通过这种扩展，开辟了一条通往更高的无穷大数（幂）的纯算术的道路。

V. 结论

§87. 我希望在本书中大致已经说明,算术定律是分析判断,因而是先验的。这样,算术就会仅仅是一种扩展形成的逻辑,每个算术句子就会是一条逻辑定律,然而是一条导出的定律。把算术用于对自然的解释,相当于对观察的事实[①]进行逻辑加工;计算就会成为推理。数规律不会像鲍曼[②]认为的那样,必须得到实际证明才能应用于外在世界,因为在外界中,即在空间事物的整体中,没有概念,没有概念性质,没有数。因此数规律实际上是不能用于外在事物的:它们不是自然规律。但是它们一定可以应用于对外界事物有效的判断:它们是自然规律的规律。它们断定的不是自然现象之间的联系,而是判断之间的联系;而且这些判断也包括自然规律。

§88. 康德[③]显然低估了分析判断的价值——大概是由于过窄地确定这个概念——尽管他似乎想到了这里使用的这种较宽的概念。[④] 如果以他的定义为基础,那么分析判断和综合判断的划

---

① 观察活动本身已经包括一种逻辑活动。

② 《论时间、空间和数学》,第 2 卷,第 670 页。

③ 同上书,第 3 卷,第 39—40 页。

④ 他在第 43 页上说,仅当假定另一个综合句子时,才能根据矛盾律看出一个综合句子。

分就不是穷尽的。他考虑到全称肯定判断的情况。在这种情况下，人们可以谈论一个主词概念，并且问——根据他的定义——它是否包含谓词概念。但是，如果主词是一个个别对象，又怎么办呢？如果涉及存在判断，又怎么办呢？在这种情况下，根本就不能在这种意义上谈论主词概念。康德似乎认为概念是通过指定的标志确定的；但是这属于最不富有成果的概念构造。看一看上面给出的所有定义，几乎找不到这样一种定义。对于数学中真正富有成果的定义也是如此，例如函数的连续性定义。那里没有一系列指定的标志，相反那些规定有一种紧密的，我想说是有机的联系。人们可以通过一个几何图形作出直观上的区别。如果人们通过一个平面的范围来表现这些概念（或它们的外延），那么与通过指定的标志而定义的概念相应的就是所有这些标志范围共同的那个范围；这个范围被那些范围的边界部分包围。因此在这样下定义时，就涉及——形象地说——以新的方式应用已经给出的线来划出一个范围。^① 但是这里本质上没有出现任何新东西。富有成果的概念规定划出以前还根本没有给定的界线。从它们可以推出什么，无法从一开始就认识到；这里，人们不是简单地从箱中把刚刚放入的东西又取出来。这些结论扩展了我们的认识，因此人们应该遵循康德把它们看作是综合的；然而，它们可以被纯逻辑地证明，因而它们是分析的。实际上它们包含在定义之中，但是恰如植物包含在种子之中，而不是像房梁包含在房屋之中。人们常常需要许多定义来证明一个句子，因此这个句子不包含在任何个别的定义

---

① 如果标志是由"或者"联结的，则也是这样。

中,然而却是从所有定义中纯逻辑地得出的。

§89. 我必须也反驳康德[①]下述断言的普遍性:没有感觉,我们就不会得到任何对象。零、一是我们不能通过感觉而得到的对象。甚至将较小的数看作是直观的那些人也必须承认,他们无法直观地得到大于 $1000^{(1000^{1000})}$ 的数,并且必须承认我们仍然知道许多这样的数。也许康德在某种不同的意义上使用"对象"一词;但是在这种情况下,零、一、我们的 ∞_1 就完全被排除在他的考虑之外;因为它们也不是概念,而且康德还要求人们把直观对象附加到概念上。

为了不使人们责怪我对一位我们只能满怀钦佩衷心景仰的思想巨匠有些吹毛求疵,我认为必须也强调我和他相一致的地方,而且这远远超过不一致的地方。如果仅仅提及首要的东西,我认为康德的伟大功绩在于他区别出综合判断和分析判断。他称几何学真命题为综合的和先验的,以此他揭示了它们的真正本质。而且现在仍然值得重复这一点,因为人们还常常认识不到它。如果说康德在算术方面搞错了,那么我认为,从根本上说这无损于他的功绩。在他看来,重要的是存在着先验综合判断;至于它们是只在几何中还是也在算术中出现,则不太重要。

§90. 我并不要求使算术句子的分析性比可能的更多,因为人们总是能够怀疑,是否可以完全从纯逻辑规律进行算术句子的证明,是否在任何地方都没有悄悄地插入另一种论据。甚至通过我为证明一些句子而提出的提示,也没有完全打消这种疑虑;只有通

---

① 《论时间、空间和数学》,第 3 卷,第 82 页。

过完善的推理串,其中不出现任何不符合少数几类公认的纯逻辑推理的步骤,才能消除这种疑虑。至今几乎还没有一个证明是以这种方式进行的,因为如果向一个新判断的每次过渡显然是正确的,数学家就会表示满意,而不问这种显然性是逻辑的还是直觉的。这样前进的一步常常是由许多步复合构成的,等价于许多简单的推论,而且除了这些推论,还可能带有一些来自直觉的东西。人们跳跃式地进行推论,由此在数学中形成了看上去极其多种多样的推理方式;因为,跳跃越大,它们所能体现的由简单推理和直觉公理的组合就越多样。然而在我们看来,这样一种过渡常常显然是直接的,我们意识不到其中间阶段,而且,由于它不呈现为任何一类公认的逻辑推理方式,我们随时准备把这种显然性看作一种直观的东西,把这种推论的真看作一种综合的真,即使在有效性范围显然超出直观范围的情况下,也是如此。

以这种方式不可能把基于直觉的综合和分析清晰地区别开。人们也不能成功地把直觉公理确切无疑地完全排列在一起,以致根据逻辑规律仅从这些公理就能够进行所有数学证明。

§91.因此,绝不能拒绝下面的要求:在推理过程中要避免一切跳跃。这一要求很难满足,因为一步一步地进行推理是很冗长乏味的。每个稍微有些复杂的证明恐怕都会长得吓人。此外,由于语言中明确形成的逻辑形式过于多样,这就使人很难划分出一类推理方式的界线,这类推理方式满足所有情况并且很容易被忽略。

为了克服这种弊病,我设计出我的概念文字。它应该使表达式更加简明清楚,并且能够像运算那样以少数几个固定的公式来进行,因而不出现与那些一劳永逸地建立起来的规则相悖的过渡。[1] 这样,任何论据都不能悄悄地潜入进来。以这种方式,不必从直觉借用任何公理,我就证明了一个句子,[2]而这个句子,人们一眼看上去就想把它看作一个综合句,这里我要把它表述如下:

如果一个序列中每个项与其后继的关系是一一对应的,而且如果在这个序列中 m 和 y 跟着 x,那么 y 在这个序列中就在 m 前面或与 m 重合或跟着 m。

从这个证明可以看出,扩展了我们认识的句子可以包含分析判断[3]。

其他的数

§92. 到目前为止,我们的考虑限于数。现在让我们看看其他种类的数,并且尝试着把我们在狭窄范围所认识的东西应用于这更广泛的范围。

为了澄清问一个特定的数的可能性是什么意思,汉克尔说:[4]

"今天,数再也不是一个事物,一个在思维主体之外和推动主体的对象之外独立存在的实体,一条独立的原则,譬如毕达哥拉斯

---

[1] 然而它应该不仅能够表达像布尔表达方式那样的逻辑形式,而且应该表达一种内容。

[2] 《概念文字》(*Begriffsschrift*,Halle a/S.1879)第 86 页,公式 133。

[3] 人们将发现这个证明还是过于冗长。这是一个缺点,它似乎抵消其几乎绝对避免错误或纰漏的可靠性。那时我的目的在于把一切化归为尽可能少的几条尽可能简单的逻辑规律。因此我只应用了唯一一种推理方式。但那时我在序(第Ⅶ页)中就已经指出,为了更广泛的应用,可以允许更多的推理方式。这可以在不损害推理串的联系的情况下进行,而且以此可以达到显著的简化。

[4] 《复数系统理论》,第 6、7 页。

定理中的原则。因而有关数是否存在的询问,仅仅与思维主体或被思考的对象有关,数不过是体现了它们之间的关系。严格地说,在数学家看来,不可能的东西仅仅是逻辑上不可能的东西,即自相矛盾的东西。无需证明,绝不允许有这种意义上的不可能的数,但是,如果有关的数是逻辑上可能的,它们的概念得到清晰明确的定义,因而是无矛盾的,那么问数是否存在,可能仅仅是问:在现实领域或直观现实世界领域,即实际事物领域中,是否存在数的基础,是否有一些对象,在它们身上表现出数,因而表现出某种理性关系。"

　　§93. 第一个句子可以令人们产生怀疑,根据汉克尔的思想,数究竟是存在于思维主体之中,还是存在于推动主体的对象之中,还是存在于二者之中。在空间的意义上,数无论如何既不在主体之内,也不在主体之外,既不在一个对象之内,也不在一个对象之外。但是数不是主观的,也许在这种意义上它在主体之外。每个人只能感到自己的痛苦,自己的欲望,自己的饥饿,只能有自己对声音和颜色的感觉,而数却可以是许多人的共同对象,而且数恰恰是所有人相同的对象,而不是不同人的仅仅或多或少相似的内心状态。当汉克尔想把数是否存在这个问题与思维主体联系起来时,他似乎以此把它变成一个心理学问题,但它绝不是心理学问题。数学不探讨我们的心灵本性,而且对数学来说,如何回答任何心理学的问题,肯定是完全无关紧要的。

　　§94. 甚至,只有在数学家看来自相矛盾的东西才是不可能的这一说法也必须受到指摘。即使一个概念的标志包含着矛盾,这个概念也是容许的;只是人们绝不能预先假定某种东西处于它之下。但是从概念不包含矛盾这一点还不能推论某种东西处于它之下。顺便问一下，人们应该如何证明一个概念不包含矛盾呢？这绝非总是直接显然的；从人们看不到矛盾得不出不存在矛盾，而且定义的明确性绝不为此提供保证。汉克尔证明，[①]比普通的数系统更高阶的限定的复数系统，若是服从所有加法和乘法规律，就包含矛盾。这一点恰恰必须被证明；人们直接看不出它。在证明这一点之前，总有人可以利用这样一个数的系统达到一些奇妙的结果，它们的论证不会比汉克尔[②]借助变化的数给出的关于行列式句子的论证差；因为谁能担保在这些变化的数的概念中不包含着隐藏的矛盾呢？而且，即使可以排除任意多变化的单位这样一个普遍矛盾，也不会总是先得出，存在这样的单位。而且这恰恰是我们所需要的。让我们以欧几里得的《几何基础》第一卷的第 18 条定理为例：

在每个三角形中，较大的角与较大的边相对。

为了证明这一点，欧几里得从较大的边 AC 截掉与较小的边 AB 相等的线段 AD，并且在这里引用了前面的一个构图。如果没有诸如 D 这样的点，这个证明就会垮掉，而且，在"在 AC 上的一个点，它与 A 的距离等于 AB"这个概念中没发现任何矛盾，这是不够的。现在 B 与 D 连结起来，甚至存在这样一条直线，也是这个证明所依据的一个句子。

§95. 大概只有证明了某物处于一个概念之下，才能严格地确

---

① 《复数系统理论》，第 106 页，107 页。

② 同上书，§35。

立这个概念的无矛盾性,反过来则会是错误的。当汉克尔谈及 x+b=c这个方程式时,[①]他就陷于这种错误。他说:

"显然,如果 b>c,那么在 1、2、3……这个序列中就没有解决该问题的数 x:在这种情况下,减法是不可能的。然而没有任何东西阻碍我们在这种情况下把(c−b)这个差看作解决该问题的符号,并且用它进行运算,好像它恰恰是 1、2、3……这个序列中用数表明的数一样。"

尽管如此,却有某种东西阻碍我们立刻把(2−3)看作表示该问题的解的符号;因为一个空符号恰恰解决不了这个问题;如果没有内容,它只是纸上的墨迹或印迹,作为这样的印迹,它有物理性质,但是没有加 2 得 3 的性质。这实际上根本不会是符号,把它们当作符号使用在逻辑上会是错误的。甚至在 c>b 这种情况下,这个问题的解也不是("c−b")这个符号,而是它的内容。

§96.人们同样可以说:在迄今已知的数中,没有同时满足

$$x+1=2 \text{ 和 } x+2=1$$

这两个方程式的数;但是没有什么东西阻碍我们引入一个解决这个问题的符号。人们会说:这个问题确实有矛盾。如果人们要求以一个实数或普遍的复数作为它的解,当然会这样;但是我们确实扩展了我们的数系,我们确实创造出满足这些要求的数。让我们拭目以待,看谁为我们指出一个矛盾!谁能知道,在这些新数中什么是可能的呢?在这种情况下,我们当然不能保持减法的单值性;但是如果我们想引入负数,我们甚至必须也放弃根号的单值

---

① 《复数系统理论》,第 5 页,科萨克也是同样,《算术基础》,第 17 页。

性;由于复数,对数也变为多值的。

让我们再创造一些允许把离散的序列聚合起来的数!不!即使是数学家,也不能任意创造某种东西,就像地理学家不能任意创造某种东西一样;他只能发现存在什么,并且为它命名。

这种错误损害了分数、负数、复数的形式理论。[①] 人们要求,为新引入的数尽可能保留已知的运算规则,并且由此推导出普遍的性质和关系。如果在任何地方都不遇到矛盾,那么,新数的引入就被看作是合理的,就好像矛盾依然无处藏身,就好像无矛盾性已经存在。

§97.很容易犯这种错误,原因大概在于没有把概念与对象明确地区别开来。没有任何东西阻碍我们使用"-1的平方根"这个概念;但是我们没有理由为它直接加上定冠词,并把"-1的这个平方根"这个表达式看作是一个有意义的表达式。假定了$i^2 = -1$,我们就可以证明这样的公式,它以α角的正弦和余弦表达出角α的某个倍数的正弦;但是我们不能忘记,在这种情况下,这个句子就带有$i^2 = -1$这种我们不能直接消除的条件。如果根本没有任何东西,它的平方为-1,那么这个方程式就不必根据我们的证明而是正确的,[②]因为$i^2 = -1$这种条件从未被满足,而这个方程式的有效性似乎依赖于这种条件。结果就好像我们在一个几何证明中利用了一条根本就不能划出来的辅助线一样。

§98.汉克尔[③]引入了两种运算。他把它们叫作 lytische 运算

---

① 康托尔的无穷数就属于类似情况。

② 它总还可以得到其他方式的严格的证明。

③ 《复数系统理论》,第18页。

和 thetische 运算,而且他通过这些运算应该具有的一些性质确定了它们。对此,只要人们不假定存在这样的运算和可以是其结果的对象,就无可非议。[①] 后来,[②] 他通过(a＋b)表达了一种 thetische、完全单值的、结合的运算,并通过(a－b)表达了相应的同样单值的 lytische 运算。一种这样的运算吗?哪一种?一种任意的吗?在这种情况下,这就不是(a＋b)的定义;而且,如果现在不存在任何定义呢?如果"加法"这个词还没有任何意谓,那么在逻辑上就允许说:我们愿意称这样一种运算为一种加法;但是在确定了有一种并且只有唯一一种加法之前,不能说这样一种运算应该叫作这种加法并由(a＋b)表示。人们不能在一个定义等式的一边使用不定冠词,而在另一边使用定冠词。然后汉克尔接着说到"运算模型",而没有证明存在一种并且只存在一种模型。

§99. 简言之,这种纯形式的理论是不充分的。它有价值的东西仅仅在于:人们证明,如果一些运算有一定的性质,譬如结合性和交换性,那么关于这些运算的某个句子就是有效的。现在人们表明,人们已经知道的加法和乘法有这些性质,而且人们能够立即说出那些关于加法和乘法的句子,而不必详尽地重复每个个别情况下的证明。只有通过把这种纯形式理论应用到以其他方式给定的运算,才能达到已知的算术句子。但是绝不允许以为能够以这种方式引入加法和乘法。人们给出的仅仅是对定义的说明,而不是定义本身。人们说:"加法"这个名字应该只给予一个 the-

---

① 实际上,汉克尔通过应用$\varPi(c,b)=a$这个方程式就已经做这样的假定了。

② 《复数系统理论》,第29页。

tische、完全单值的、结合的运算。但是这样还根本没有说明那些现在应该叫作加法的运算。因此没有任何东西阻碍人们把乘法叫作加法并用(a +b)来表示，而且没有任何人能够明确地说，2＋3是 5 还是 6。

§100.如果我们放弃这种纯形式的思考方法，下面的情况似乎就可以提供一种办法：随着新数的引入，扩展了"和"和"积"这些词的意谓。人们选用一个对象，譬如月亮，人们解释说：月亮以自身相乘得－1。这样我们就以月亮得到一个－1 的平方根。这个解释似乎是允许的，因为迄今为止从乘法的意谓还根本没有出现过这样一种乘积的意义，因而在扩展这个意谓时可以进行任意规定。但是我们也需要带有－1 的平方根的实数积。因此最好让我们选择一秒钟的时间间歇作－1 的平方根并用 i 表示它！这样，我们将把 3i 理解为 3 秒钟的时间间歇，等等。[①] 在这种条件下，譬如我们以 2＋3i 将表示什么对象呢？ 在这种情况下加号会得到什么意谓呢？ 对此，现在必须作出具有普遍性的规定，当然这不是件容易的事情。然而让我们假定：我们保证所有 a＋bi 这种形式的符号都有一种意义，而且是这样一种意义，即已知的加法规律对它们都是有效的。这样，我们就必须进一步规定，

$$(a+bi)(c+di)=ac-bd+i(ab+bc)$$

应该是普遍的，由此我们将会进一步规定乘法。

---

① 我们可以同样有权选择一定的电子量、一定的平面面积等等作－1 的平方根，但是这样我们就必须使用显然不同的符号来表示这些不同的根。如果想到，平方根的意谓并非在这些规定之前就已经被没有变化地确定下来，而是通过这些规定才一起被确定的，那么人们表面上能够创造出如此任意多－1 的平方根，就不太令人惊讶了。

§101. 现在, 如果我们知道由复数的相等得出实在部分的相等, 我们就能够证明表示 cos(n a) 的公式。这必然得自 a＋bi 的意义, 而我们在这里已经假定了这种意义是现有的。这个证明只会对我们已经规定的复数的意义、复数的和与积的意义有效。现在由于对于整实数 n 和实数 a 来说, i 根本不再在这个等式中出现, 因而人们想推论: 因此, 只要我们的加法和乘法规律是有效的, 那么 i 是意谓一秒钟, 还是意谓一毫米, 还是意谓其他什么东西, 则是完全无关紧要的; 只有这些规律是重要的; 我们不必费心去考虑其他东西。也许人们能够以不同的方式规定 a＋bi 的意谓、和与积的意谓, 使那些规律继续有效; 但是, 人们在这些表达式中是不是确实能够发现这样一种意义, 却不是至关重要的。

§102. 人们常常是这样做的, 好像仅提出要求就是满足了要求。人们要求, 减法、①除法、开方总是可行的, 并且相信以此能够进行足够的运算。为什么人们不要求通过任意三点划出一条直线呢? 为什么人们不要求所有加法和乘法规律对一个三维的复数系统就像对一个实数系统那样是有效的呢? 因为这种要求有矛盾。啊, 这样一来, 人们就必须先证明其他那些要求没有矛盾! 在人们证明这一点之前, 所有全力以赴为之努力的严格性不过是虚无缥缈的东西。

在几何学定理中, 并不出现为了证明而划出的那条辅助线。也许可能有许多条这样的线, 例如, 当人们能够任意选择一个点时。但是无论每条个别的辅助线可能会多么多余, 证明的力量总

---

①　参见科萨克:《算术基础》, 第 17 页。

是依赖于人们能够划出具有所要求性质的线。仅这样要求是不够的。在我们的情况中也是如此,"a+bi"是有一种意义还是仅仅是一片印刷油墨,这对于证明的力量不是无关紧要的。如果人们不先解释这里的"和"意谓什么,如果人们没有证明使用定冠词的合理性,那么要求它应该有一种意义,或者说其意义是 a 与 bi 的这个和,就是不够的。

§103.针对我们想对"i"的意义作出的规定,当然可能有许多反对意见。我们通过这一规定把某种完全陌生的东西,即时间引入了算术。秒与实数根本没有任何内在联系。如果没有其他种类的证明,或者,如果无法为 i 找到其他意义,那么借助复数而证明的句子就是后验判断,或者说,仍然是综合判断。无论如何,必须首先努力说明所有算术句子都是分析的。

科萨克(Kossak)[1]在谈及复数时说:"复数是由具有彼此相等因素的各种不同种类的群所复合构成的表象",[2]这里他似乎避免了插入陌生的东西;但是这一表面现象也仅仅是因为这个表达是不明确的。1+i 实际上意谓什么,这是一个苹果和一个梨的表象或牙痛和足痛风的表象吗? 对此人们根本没有得到回答。它确实不能同时意谓这二者,因为若是那样,1+i 与 1+i 就不会总相等。人们会说:这取决于特殊的规定。即使在这种情况下,我们从科萨克的句子中也还是没有得到复数的定义,而是只得到如何进行这种定义的一般说明。但是我们还需要更多的东西;我

---

① 科萨克:《算术基础》,第17页。
② 关于"表象"这个表达,参见§27;关于涉及"聚合"的"群",参见§23u.、§25的论述;关于因素的相等,参见§34—§39。

们必须明确地知道"i"意谓什么,而且,如果我们现在想按照那种说明说:"i"意谓一个梨的表象,那么我们又会把某种陌生的东西引入算术。

人们通常称之为复数的几何体现的东西,至少比迄今为止考虑的尝试有以下优点:在这种体现中,1 和 i 看上去不是完全没有联系的和不同种类的,而是这样的:被看作是体现出 i 的线段和体现出 1 的线段有某种合乎规律的联系。此外,严格地说,认为在这里 1 意谓某一线段,i 意谓与它垂直的等长线段,这是不正确的,相反,"1"在任何地方都意谓相同的东西。这里,一个复数说明,被看作复数的体现的线段是如何从一个给定的线段(单位线段)通过复制、分割和旋转①而形成的。但是即使根据这种解释,每条必须依据一个复数的存在而证明的定理似乎仍然依赖于几何学的直觉,因而是综合的。

§104. 那么,我们应该如何得到分数、无理数和复数呢?如果我们求助直觉,我们就在算术中引入某种陌生的东西;但是如果我们仅仅通过标志规定这样一个数的概念,如果我们仅仅要求这个数有一定的性质,那么就无法保证也有某种东西处于这个概念之下并且符合我们的要求,而证明恰恰是必然依据于这种情况。

那么在数的情况中又怎样呢?我们在直觉上没有得到 $1000^{(1000^{1000})}$ 这么多对象以前真不能谈论 $1000^{(1000^{1000})}$ 吗?它这么长时间一直是一个空符号吗?不!它有完全明确的意义,尽管鉴于我们生命的短暂,从心理学角度来说我们不能意识到这么多对象;②但

---

① 为了简便,我在这里不考虑不可通约的情况。

② 简单地大致计算一下就表明,几百万年的时间也不会够用。

是尽管如此，$1000^{(1000^{1000})}$ 仍是一个对象，我们可以认识它的性质，即使它不是直观的。人们确信，引入 a^n 这个符号来表示幂，就表明如果 a 和 n 是正整数，那么以此总是表达出一个并且是唯一的一个正整数。若是详细证明如何能够形成这种情况，则会离题太远。在上文中，我们在§74解释零、在§77解释一、在§84解释无穷数 ∞_1 的方法，以及（§82—83）对在自然数系列中每个有穷数都有一个数紧跟的证明的说明中，都能够普遍看出这样一种情况。

在对分数、复数等等的定义过程中，一切最终也将取决于寻找一个可判断的内容，这个内容可转变为一个等式，它的两边恰恰是新数。换言之，我们必须为这样的数规定一个重认判断的意义。这里必须注意我们讨论过的（§63—68）关于这样一种转化的疑虑。如果我们的做法与那里一样，那么新数就将作为概念的外延给予我们。

§105. 在我看来，根据这种关于数的观点，[1]很容易说明研究算术和数学分析所产生的魅力。也许人们可以把一个著名的句子加以修改说：理性的真正对象就是理性。我们在算术中探讨一些对象，它们不是我们通过感官媒介从外界认识的某种陌生的东西，而是直接给予理性的东西，它们作为理性最独特的东西是理性完全可以洞察的。[2]

而且，或者说正因为如此，这些对象不是主观幻觉。不存在任

---

① 人们也可以把它说成是形式的，然而它与前面在这个名义下评价的观点完全不同。

② 我这样说绝不是想否认，我们没有感觉印象就会木木呆呆，就会既不知道数也不知道其他一些东西；但是这个心理学句子在这里与我们根本没有关系。由于经常存在着混淆两种根本不同的问题的危险，我再次提出这一点。

何比算术规律更客观的东西。

§106.让我们再简要地回顾一下我们的研究过程！我们确定了数既不是事物的堆集，也不是这样的性质，但是数也不是心灵过程的主观产物；而数的给出表达概念的某种客观的东西。然后，我们试图首先定义 0、1 等等这些个别的数和数序列中的进展。第一种尝试是不成功的，因为我们只定义了那些关于概念的陈述，而没有分别定义仅仅是这陈述一部分的 0 和 1。结果，我们没能证明数的相等。这表明，不能把算术探讨的数看作一种不独立的性质，而必须把它看作是实体性的。[①] 因此数作为可重认的对象出现，即使不作为物理的或仅仅空间的对象出现，也不作为我们通过想象力能够勾画出来的对象出现。接着我们提出一条基本原则：不能孤立地解释一个词的意谓，而必须在一个句子的联系中解释它，正像我相信的那样，只有遵循这一原则；才能避免关于数的物理观点，同时又不陷入心理学的观点。现在有一种句子，它们对每个对象必然都有意义，这就是重认句，在数的情况中叫作等式。我们看到，甚至数的给出也被看作等式。因此重要的是确定数的等式的意义，表达这种意义，而不使用数词或"数"这个词。我们把处于一个概念 F 之下的对象与处于一个概念 G 之下的对象一一对应起来的可能性，看作是关于数的一个重认判断的内容。因此，我们的定义必须规定，那种可能性与数的算式具有相同的意谓。我们想到类似的情况：由平行线得出的方向的定义；由类似性得出的形态的定义，等等。

---

① 这种差别相应于"蓝的"和"天空的颜色"之间的差别。

§107.接着产生一个问题：人们什么时候有理由把一种内容看作一个重认判断的内容？为此必须满足以下条件：在每个判断中，能够以尝试性假定的这个等式的右边替代左边，而不损害它的真。这时，若是不进一步增加其他定义，暂时从这样一个等式的左边或右边出发，那么我们知道的就只能恰恰是对相等的陈述。因此需要说明的只是等式中的可替代性。

但是依然存在一种疑虑，即一个重认句必须总有一种意义。如果我们现在把使处于 F 这个概念之下的对象与处于 G 这个概念之下的对象一一对应起来的可能性看作一个等式，我们把这表达为："属于 F 这个概念的这个数与属于 G 这个概念的这个数相等"并以此引入"属于 F 这个概念的这个数"这一表达式，那么，这个等式的两边若是都有上述形式，则这个等式只有一种意义。根据这样一种定义，如果一个等式只有一边有这种形式，我们就不能判断这个等式是真的还是假的。这促使我们定义：

属于 F 这个概念的这个数是"与 F 这个概念等数的概念"这个概念的外延。这里，如果存在那种相互一一对应的可能性，我们就称一个概念 F 与一个概念 G 是等数的。

在这个定义中，我们假定"概念的外延"这个表达式的意义为已知的。这种克服困难的方式大概不会得到普遍赞同，许多人将更愿意以其他方式消除上述疑虑。我也不认为诉诸概念的外延具有决定性的重要意义。

§108.现在一一对应依然还有待于解释；我们把它化归为纯逻辑关系。这里我们先说明了下面这个句子的证明：如果 F 这个概念与 G 这个概念是等数的，那么属于 F 这个概念的这个数与属于 G 这个概念的这个数相等;然后我们定义了 0 这个数、"n 在自然数序列中紧跟 m"这个表达式和 1 这个数,并且表明:1 在自然数序列中紧跟 0。我们引用了几个在这一点上容易证明的句子,然后更详细地探讨了下面这个命题:

在自然数序列中每一个数后面都跟着一个数。

这个命题使人们认识到,数序列是无穷的。

由此我们达到"隶属以 n 结束的自然数序列"这个概念,我们想以此表明,属于这个概念的数在自然数序列中紧跟 n。我们首先借助在一个普遍的 φ 序列中对象 y 紧跟对象 x 来定义它。这个表达的意义也化归为纯逻辑关系。而且,由此成功地说明,从 n 到 (n＋1)这种通常被看作是数学特有的推理方式,是以普遍的逻辑推理方式为基础的。

这时,为了证明数序列是无穷的,我们需要下面这个句子:在自然数序列中,任何有穷数都不跟着自身。因此我们达到有穷数和无穷数的概念。我们表明,后者的逻辑合理性基本上不小于前者。为了进行比较,谈到了康托尔的无穷数及其"连续中的后继",这里指出了表达上的差异。

§109. 现在,由以上所有论述极其可能得出算术真命题的分析性和先验性;而且我们成功地改进了康德的观点。此外我们看到,把这种可能性上升为确实性还缺少什么,并且指出必然走向这一目的的道路。

最后,我们利用我们的这些结果批评了一种关于负数、分数、无理数和复数的形式理论,我们的批评表明,这一理论显然是不充分的。我们认识到,这个理论的错误在于它认为,如果不表现出矛盾，就证明了概念的无矛盾性，而且概念的无矛盾性被看作是满足概念的充分保证。这个理论自以为它只需要提出要求；然后，满足这些要求就是不言而喻的。它的表现方式像一个天神，通过自己简单的言语就能创造出自己需要的东西。如果把如何进行定义的说明当作定义本身，那么也必须受到指责，因为根据这样一种说明，在算术中会引入陌生的东西，尽管它本身在表达上可能与定义无关，但这不过是因为它仅仅是一种说明。

因此这种形式理论有倒退到后验的或依然是综合的理论的危险，无论它表面上怎么飘浮在抽象的顶峰上。

前面我们关于正整数的考虑现在为我们表明，有可能避免把外在事物和几何直觉混淆起来，同时又不陷入那种形式理论的错误。正像在那里一样，重要的是规定一个重认判断的内容。如果我们处处考虑这一点，那么负数、分数、无理数和复数看上去就不比正整数更神秘，而正整数也不比负数、分数、无理数和复数更实在、更现实。

图书在版编目(CIP)数据

算术基础:对于数这个概念的一种逻辑数学的研究/(德)弗雷格(Frege,G.)著;王路译.—北京:商务印书馆,1998.8(2025.4重印)
(汉译世界学术名著丛书)
ISBN 978 - 7 - 100 - 03239 - 1

I.①算… II.①弗… ②王… III.①算术—研究
②初等数论—研究 IV.①O156.1

中国版本图书馆 CIP 数据核字(2010)第 247160 号

汉译世界学术名著丛书
算 术 基 础
——对于数这个概念的一种逻辑数学的研究
〔德〕G.弗雷格 著
王 路 译 王炳文 校

商 务 印 书 馆 出 版
(北京王府井大街 36 号 邮政编码 100710)
商 务 印 书 馆 发 行
北京虎彩文化传播有限公司印刷
ISBN 978 - 7 - 100 - 03239 - 1

1998 年 8 月第 1 版 开本 850×1168 1/32
2025 年 4 月北京第 11 次印刷 印张 4⅜
定价:29.00 元